变个宇宙出来

自然法则的起源

William Thomson
Michael Faraday
Ludwig Boltzmann
Albert Einstein
Joseph-Louis Lagrange
James Clerk Maxwell
Pierre de Fermat
Conjuring the Universe:
The Origins of the Laws of Nature
Isaac Newton
David Hilbert
〔英〕彼得·阿特金斯 著
Peter Atkins
Wolfgang Pauli
苏湛 译
Werner Heisenberg
Norbert Wiener
Schrödinger
Kurt Gödel
Niels Bohr
Max Planck
Inlaws
Outlaws
Nothing

商务印书馆
创于1897
The Commercial Press

知识是一种快乐，而好奇则是知识的萌芽。

——弗朗西斯·培根,《学术的进展》

（ *The Advancement of Learning* , 1605 ）

序　言

　　世界的运行被一些人归因于一位事儿妈得要命然而又看不见摸不着的创造者，他孜孜不倦地将每一个电子、夸克和光子引向各自的命运。我的直觉使我本能地抗拒这种关于世界运行的败家子式观点，而我的头脑唯直觉马首是瞻。在接下来的一百多页里，我将探寻是否存在一种关于"正在发生的是什么"的更简单的解释。科学家，归根结底，是一帮从复杂性中开采简单性的采掘工，大多偏爱更简单粗暴的东西而不是更精致复杂的。我将探寻通过这种采掘暴露出来的最幽深的隐秘之处，进而论证自然律——我们对世界运行方式的概括，是以可能存在的最简单的方式产生的。我将论证，它们只不过是从无为与无规则中滋生出来的，往往还或这儿或那儿地掺杂着一点儿无知。

　　我把谈论的范围限定在只包括司空见惯的事物。因此我会带你走马观花地了解一下力学（包括经典的和量子的）、热力学以及电磁学。虽然不像对谈论力学那么有信心，但是我也希望能以一种发人深省的方式，领你深入基本常数的起源。作为总结，我还会尝试探讨一下数学在规范化表达自然定律方面的功效，以及它揭示现实的深层结构的可能。我写的东西中有些只是推测，因为尽管经过三个世纪的励精图治，科学已取得了显著进步，但是对自然的完全性理解仍然是它鞭长莫及的。如果你想寻求关于我的某些说法的更深层次的解释，那么可以在书后的注释中找到它们，我把这些注释当成是用来藏匿方程的安全屋。

我希望在接下来的篇章里回答一些你可能已经想到了但是还没得到解答的问题，同时希望我的文字能够在某些方面揭示这个复杂得无与伦比的世界的令人惊讶的简单性。

彼得·阿特金斯

于牛津，2017年

目　录

一、回到永恒：定律的本性

我需要让你的头脑准备好接受一个想法，这个想法如此荒谬，以至于它甚至可能是对的。科学通过革命来获得进步——有时被称作范式转换，当曾经被当成常识的东西，抑或只不过是作为一种司空见惯的态度的东西，被某些看起来更接近真理的东西取代，革命就发生了。亚里士多德提供了一个例子，哥白尼提供了另一个。于是乎，亚里士多德坐在他的大理石扶手椅上①反思箭的飞行，推断箭是被它们身后的空气旋涡推动着前进的。他还通过观察牛车通过公牛持续不断地施力来保持运动，提出了更普遍的观点，认为运动必须通过受力才能得以维持。而伽利略和之后的牛顿看穿了空气

---

① 这里化用了英语中"扶手椅理论""扶手椅哲学""扶手椅学者"的说法，指一种不研究实例而唯务思辨的学术态度，通常是贬义的。英语中更传统的用法还有"扶手椅将军""扶手椅战士"，意类汉语中的"纸上谈兵""键盘侠"。（若无特殊说明，本书脚注均为译者注，作者注集中见文后注释。）

和泥泞道路的影响，用截然相反的设想取代了亚里士多德的设想：运动在物体不受力的情况下会一直持续，只有受力才会使运动止息。空气阻碍了箭的飞行，尽管亚里士多德不可能知道这一点，但是箭其实在真空中飞得更好，而那里是不可能有持续的旋涡的。他本来应该能够注意到，但却没抓住机会：牛车如果是行驶在冰上，而不是陷在泥泞中，那么即使不需要公牛拉拽，它也能维持运动。而哥白尼，众所周知，他拒绝接受太阳每天围着地球公转的常识，反之去坚持一种太阳位于中央并保持静止、地球围绕轨道运动同时自转的观点，从而带来了一场宇宙革命，以及对人类关于世界的理解的一种深层次简化（这是逼近真理的一个重要标志）。

20世纪早期的各种智识革命令差不多同时代及之前一个多世纪发生的历次政治剧变都相形见绌，各种更为微妙同时影响深远的对世界图景的修订接踵而至。在1905年以后，人们不得不抛弃判断哪些事件可以被认为是同时发生的常识性观点，因为阿尔伯特·爱因斯坦（Albert Einstein，1879—1955）在这一年扭转了我们对时间和空间的知觉，将它们混在一起变成了"时空"（spacetime）。这种混合把时间搅入空间、空间搅入时间，而混合的程度则依赖于观察者的速度。由于时间和空间纠缠得如此紧密，任何两个发生相对运动的观察者都无法就两个事件是否同时发生达成一致。这场针对我们行为和认知领域的根本性改变，看似好像是为了通向对世界的更深刻理解而付出的一笔沉重代价，但其实它也同时使得关于物理世界的数学描述获得了一次简化：对现象的解释不再需要从风马牛不相及的各种牛顿物理学概念中拼凑出来，它们自然地从空间与时间的交融中突现出来。

大约与此同时，新生的量子理论家群体在另一个方向上扭转了人们的思想，他们指出，牛顿还上了另外一个当，甚至就连爱因斯坦把牛顿物理学搬到他的新时空舞台上也根本就是错的。也就是说，虽然牛顿已经从运动上刮掉了泥的影响，但他还是被困在常识性的、在农家院的启发下形成的世界图景中，认为要具体指定一条路径，必须同时考虑位置和速度两个参量。经典物理学家们是多么骇异呀，甚至包括那些已经学会了心满意足地在时空中生活的人，结果我们却不得不把这个概念废弃掉。在大众心目中，这场废弃的标志是不确定性原理，由沃纳·海森堡（Werner Heisenberg，1901—1976）于1927年正式提出。这则原理声称，位置和速度无法同时被获知，因此看似消除了被认为在基础上支撑着自然，或者至少在基础上支撑着对自然的描述的东西，从而断绝了理解世界的全部希望。在本书稍后的部分，我将反驳认为海森堡原理断绝了理解并完全性地描述世界的前景的观点。

更糟的显然还在后头（不过就像很多概念上的混乱一样，这种更糟其实是披着更糟外衣的更好）。常识曾毫不犹豫地将粒子和波截然两分。粒子是疙里疙瘩的小玩意儿，波则是起起伏伏的。但在一场从根本上动摇了物质概念的革命中，这种区分被发现是错的。一个早期的例子是，物理学家J. J. 汤姆森（J. J. Thomson，1856—1940）在1897年发现了具有粒子全部属性的电子，可是后来，1911年，他的儿子G. P. 汤姆森（G. P. Thomson，1892—1975）与其他人一起证明：相反，电子具有波的全部属性。我很喜欢想象父子俩早餐时横眉冷对、相顾无语的情景。

更多的证据不断积累。一束光，无疑是一股电磁辐射波，却被发现同时具有粒子流的属性。根据施加于粒子之上的观察类型，粒子会起伏振荡为波；波也会凝聚为粒子。量子力学的建立（1927年），主要是像苦行僧一样被困守孤岛的海森堡以及埃尔温·薛定谔（Erwin Schrödinger，1887—1961）完成的，如他自己报道的，与情妇在山上翻云覆雨之余完成的。这种基本的区分终于再也保不住了：以一种完全不符合常理的方式，所有实体——从电子往上——都具有了一种二重的、混合的性质。二象性①从此篡夺了同一性的江山。1

我还可以继续说下去。世界的深层结构暴露得越多，常识——我指的是建立在日常环境中局域的、不受控的、随机经验之上的直觉，从本质上说，它们只是生吞活剥的直观感受，而不是集体智慧在对世界做出评估时可以依赖的理性材

---

① 原文为Duality，直译为二象性，在物理学中一般特指波粒二象性。

料，换言之，它们不是受控的、对世界孤立片段的细节性检视（简单说，即实验）——看起来就越不像是一个可靠的信息来源。越来越多的迹象似乎显示，更深刻的理解要通过一层一层地剥离常识（但是当然，要保留合理性）来获得。记住了这一点，我希望你的头脑应该也已经准备好放弃常识了，就当是为了获得下面将要获得的理解而进行的投资，那么我要来推翻常识的下一个更重要的方面了。

我要宣称，创世时没什么太多的事发生。当然，我知道那种给这一刻赋予强烈戏剧性的引人入胜的描写，可不是么，所有一切的诞生可不就应该是宇宙级戏剧性的吗？一次巨大的宇宙灾变。一场壮观的、宇宙范围的惊人原始活力的爆发。一场可怕的从根本上动摇了时空的爆炸。一个灼热得足以让整个空间都烧起来的孕育着世界的火球。真的特别，特别大。"大爆炸"，这个名字本身，就让人联想到一场宇宙尺度的戏剧性事件。说真的，1949年弗雷德·霍伊尔（Fred Hoyle，1915—2001）以轻蔑和讥讽的态度引入了这个术语，是为了鼓吹他自己关于默默永续着的、连续的、持续至今的创世，永恒的宇宙生成，以及没有开始从而也没有结束的世界的理论。这声"砰"被理解成一场充满整个空间的巨大爆炸，事实上它创造了全部的空间和时间，然后在热量的喧嚣中，整个宇宙从一个温度和密度高到难以想象的小点膨胀成更大、更冷并且仍在持续扩张的区域，即我们今天所认为的宇宙家园。另外当前时髦的观点还认为存在过一个"暴胀时期"，在这个时期，宇宙在不到一秒的多少多少分之一的时间里尺寸增长了不知多少倍，然后，不到一眨眼的工夫，就到达了中期的相对温和的膨胀阶段，温度也降到只有几百万度，开始了今天我们所知道的演化时期。

没什么太多的事发生？没错，要把所有这些活跃得过分的演化过程、能量，以及基本物质的出现泛泛地想成是没什么太多事发生的表现，步子迈得有点儿大。但是请耐心听我说，我打算探讨一下宇宙形成时没什么太多的事发生这个反直觉想法。我并不否认大爆炸以戏剧性的方式"砰"了一声：有那么多对它有利的证据，以及为数众多的对暴胀时期有利的证据，以至于拒绝用它来解释将近140亿年前的原始宇宙将是荒谬的。我只是建议对它重新进行诠释。

提出这个观点的动机是想把对关于存在的其中一个重大疑难问题的认识向前推进一步：事物如何在没有外界干预的情况下无中生有。科学的其中一个作用是通过剥除使人误导的属性来简化我们对自然的理解。日常生活令人叹为观止的复杂性被贯穿于所有事物的令人叹为观止的内在简单性所取代。世界的美好仍然令人惊叹，只是发现其下潜藏的简单性及其巨大潜力所带来的欣喜让这种感觉更强烈了。正如以达尔文的自然选择理论为指导来理解自然，要比简单地躺在那里为生物圈的丰富性和复杂性感到惊异容易得多：他简单的想法提供了一个理解框架，尽管从这个框架中突现出来的复杂性可能深奥无比。人们仍会感到惊叹，也许比原来还要更加强烈地惊叹：这样一个简单的想法竟能解释如此之多的事情。爱因斯坦通过对他的狭义相对论的推广简化了我们对重力的认知：这一推广将重力诠释为由大质量物体的存在而导致的时空弯曲的结果。他的"广义相对论"是一次概念上的简化，尽管他的方程出奇地难解。通过剔除不必要的东西并专注于核心问题，科学前进到一个更有能力为人们提供答案的位置。说白了吧，通过展示创世时没什么太多的事发生，很可能有助于让科学更好地解决实际发生了什么。

在我陈述的目标中有个含糊其词的地方，当然，那就是"没什么太多"。说老实话，我是想用"完全没有"来代替"没什么太多"的。换句话说，我希望创世时完全没有事情发生，这样我就可以理直气壮地捍卫这个主张了。没有了行动，也就没有了行动主体。如果完全没有事情发生，科学也就没有事情需要解释，这肯定会简化它的任务。它甚至可以后见之明地宣称它已经成功了！科学有时是通过论证一个问题没有意义来进步的，比如追问运动的观测者是否能够就事件的同时性达成一致意见，结果导致了狭义相对论。尽管不属于科学的研究范畴，但是如果能以某种这样或那样的方式证明天使并不存在，或者至少通过某种生理或解剖学上的缺陷证明其不具备跳舞能力，那么针尖上能容纳几个天使跳舞的问题也就消除了。因此消除问题是提供答案的一种合理方式。这一步迈起来可能有点儿太大，并且可能被视为对学者职责的玩忽职守、作弊，以及典型的对科学问题的避重就轻——不管你把这种逃避称为什么——所以现阶段为了让你能够接受，我会把我的论点限制在坚称宇宙形成时"没什么太多"的事发生上，至于多少算"没什么太多"，我到时候会解释。

＊　＊　＊

所有这么一大堆开场白其实只为说明一点，那就是我将要摆出来证明没什么太多的事发生的证据，就是向大家展示，自然律就是从没什么太多的事发生中派生出来的。我将论证，至少有一大类自然律是从混沌初开之际没什么太多的事发生中派生出来的。在我看来，这可以算作是支持我观点的有力证据，因为如果世界的运行机制、支配一切活动的定律，可以从这个观点中突现出来，那么也就不再需要去煞费苦心地编织一套关于一位创造定律的行动主体——人们通常称之为上帝——的繁琐假设了。至于那些并非是从无为中突现出来的定律，我将论证，它们是从无规则——即没有任何定律起作用的状态——中冒出来的。在筹划这套解释的过程中，我意识到在某些情况下无规则的限定可能过于严格了，但是后来，在允许将无规则与无知关联起来以后，我保留住了这个概念的全部潜在效能。你会在后面看到我这样说是什么意思。在某个阶段，我甚至会援引无知作为获取知识的有力工具。

我必须强调，在做出这些解释的时候，我脑子里考虑的只有物理定律，即支配有形的实体、小球、行星、一般事物、物质材料，无形的辐射、基本粒子等的定律。道德律并不在我的考虑范围之内——这些定律仍被一些人归功于一位被抬举为上帝的神灵，它被假定为所有善的永不枯竭、无法理解、自由流动的源泉，是善与恶的仲裁者、绵羊的奖励者与山羊的宽恕者。为了把话说清楚，先表明我的立场，我认为生物现象和社会现象都是从物理定律中突现出来的，因此如果你愿意深入挖掘我的信念，你会发现我的观点是，人类行为的所有方面也都起源于无为与无规则。不过此处我将不会展开讨论这个想法。

* * *

那么，自然律是什么？我试图通过发现它们的起源来解释的是什么呢？从广义上说，自然律就是对实体运行方式的经验总结。它们是民间俗谚，像"上去的早晚会下来"以及"盯着壶的时候水永远不开"。在某种程度上，民谚几乎就没有对的。上去的不会下来，只要你把它抛得快到足以进入轨道。被盯着的壶里的水也终究会烧开。自然律通常是民谚的升级版，因为它们是通过在受控条件下作观察而收集来的，把它们寻求解释的现象同外在影响（比如亚里士多德车下的泥巴、他的箭四周的空气）隔绝开。

人们相信自然律在空间上是普遍的、在时间上是永恒的。这种无所不在性以及可能的永恒存在性意味着任何自然律都被认为不仅在实验室的一亩三分地范围内是有效的，而且横跨所有大陆、穿越整个宇宙，都是有效的。也许它们会在空间和时间概念失效的地方——比如黑洞内部——失效，但在空间和时间状况适宜的地方，此时此地有效的定律彼时彼地也有效。

定律是在只占几立方米的实验室里发现的，但人们却相信它适用于整个宇宙。它们是在大约相当于人类短暂一生的时间尺度之内被总结出来的，但人们却相信它适用于永恒这样的东西。这些信念确非空中楼阁，但若要毫无保留地接受它们，则须慎之又慎。

在人类能够直接感知的微小尺度上，比如宇宙漫长岁月中的短暂一瞬和宇宙庞大体积中微不足道的一隅，人们发现无论何时何地去进行检测，定律总是相同的，至少在地球上是如此。在人类能够感知的稍大范围内，天文学家也已凭借他们观测距离地球非常遥远之处现象的能力，对定律进行了检测，这些现象包括发生在其他星系中的，也包括发生在很久很久以前的。除非空间距离和时间距离合谋捉弄我们，以某种形式把偏差消除了，否则我们还尚未察觉到那些在地球上建立的定律存在任何偏差。以过去几十亿年这样短暂的时间尺度来说，没有理由怀疑在未来相似的时长之内，我们当前的定律会有所改变。当然，这样的情况是可能的，在接下来几万亿年里，甚至可能就在明天半夜，眼下一直匿迹潜踪但疑似存在于时空中的隐藏维度会突然展开，在我们一只手数得过来的熟悉维度之外另添新维，同时把我们司空见惯的定律变得面目全非。是否真会发生这样的事我们还不得而知，但是早晚有一天——自然律的力量如此强大——我们也许能够根据现在正在建立的定律来对此做出预测。定律在自己的内部孕育着取代自身的种子。

几乎所有——但并非所有——定律都是对现实的近似，即便在它们指涉的实体已经与外来的、偶发的影响（如泥巴）隔绝开的情况下也是如此。在这儿我想把目光转向一位历史人物，以及所有简单小定律中最早的一条——后面我还会用这条定律引出好几项观点。（稍后我会区分大定律和小定律，这是一条小定律。）非常聪明、富有创造力且勤奋的罗伯特·胡克（Robert Hooke，1635—1703）提出过一条有关弹簧拉伸的定律。[2] 就像当时常见的，他把它写成一个字谜，以便在宣示优先权的同时又能够争取出时间去探究这条定律会带来哪些推论，不用怕被别人抢先。于是乎，1660年他按字母顺序隐晦地写下了 *ceiiinosssttuv* 这行字，直到后来才揭示他真正的意思是 "*Ut tensio, sic vis*"（伸长多大，力多大）。用今天更直接的语言说，他的定律表明：弹簧所施加的回复力正比于它被拉伸或压缩的长度。这条定律很好地描述了弹簧的工作方式，不仅包括真正的弹簧，也包括分子中原子之间类似于弹簧的化学键；并且它还会产生一些胡克，甚至与胡克同时代的牛顿，完全没有料到的引人入胜的推论。然而，它只是一种近似，因为如果你把弹簧拉得太长，正比例关系就会失效，即便你在它绷断之前停下也于事无补——*ceiiinnnoosssttuv*.[①]无论如何，胡克定律是弹簧工作方式的一个很好的指南，只要时刻牢记它只对很小的位移才有效。

　　可能确实存在一些精确的定律。"能量守恒定律"就是其中一个候选者，这条定律断言：能量既不能被创造也不能被毁灭，它可以从一种形式转换成另一种形式，但是我们现在拥有的能量，也就是我们在直到永远的未来所能拥有的全部，同时也是我们在直到永远的过去曾经拥有的。这条定律如此强大，以至于人们可以用它来得出新的发现。在20世纪20年代，人们观测到在某种核衰变中能量似乎是不守恒的，并围绕该假设提出了一系列解释方案，即在此类新颖的、迄今为止尚未被研究过的事件中，也许能量就是不守恒的。而奥地利理论物理学家沃尔夫冈·泡利（Wolfgang Pauli, 1900—

---

　　①　ceiiinnnoosssttuv 比胡克的原文增加了 non 三个字母，意即 Ut tensio, non sic vis（伸长多大，力不是多大）。

1958）则在1930年提出了另一种观点：能量是守恒的，只是其中一部分被某种未知的粒子带走了。由此激发了对现在被称为中微子的基本粒子的搜寻，并导致它随后被成功探测到。正如我们将要看到的，能量守恒定律是导致宇宙可理解性的核心要素，因为它是因果关系的根源，从而也就成为所有解释的核心。在本书后边的部分里，它还会发挥重要作用。

还有其他一些看起来与胡克定律情况类似的定律（也就是说，它们是某种近似，同时因为帮助我们做出预测和理解事物而为人所乐知）以及其他一些类似于能量守恒的定律（不是近似，但却深深植根于解释与理解的结构中）。这使我意识到，定律有两类，我分别用内在定律（inlaws）和外在定律（outlaws）来指代它们。内在定律是宇宙中非常深层次的结构性定律，是最根本的法则、理解的基础和洞悉终极原理的垫脚石。依我之见，能量守恒就是一条内在定律，并且尽管我很犹豫要不要这样说，但也许它是所有内在定律之母。外在定律是内在定律不那么重要的亲戚，就像胡克定律和其他我们很快会看到的定律那样。它们是次一级的法则，充其量是对内在定律的细化说明。我们不能没有它们，并且在很多情况下科学正是通过发现、应用和诠释它们来获得进步的。但如果说宇宙是一支由一群将军统领着的军队的话，那么外在定律只能算下士。

我得承认并且提醒你注意，还有一种特殊类型的定律：

一种完全不适用于任何情况然而却非常有用的定律。我得把这句令人费解的话说明白些。正如我已经说过的，定律在典型的意义上都是对现实的近似。然而在某些情况下，随着定律所声称描述的物质的丰度越来越小，近似值会变得越来越好。进而，如果把这个丰度递减的过程推到极致，将其所描述的事物的数量减到零的时候，定律就会变成准确的（也许应该说完全精确）。于是，这里就出现了一种所谓的"极限逼近定律"（limiting law），一种在不描述任何事物的极限下会达到完全准确的定律。

当然，我的介绍方式使这种定律听起来好像是空洞的，似乎只适用于一无所有的虚空。但就像你即将看到的，此类极限逼近定律的功用极其巨大，因为就效果而言，它们等于是从自己的内部工作机制上排除干扰项。让我举个例子来说清楚些。

英裔爱尔兰贵族罗伯特·波义耳（Robert Boyle，1627—1691）大约在1660年前后研究了后来所谓的"空气弹簧"的抗压缩性质。当时他就在紧邻牛津高街的一座小房子里工作（现在那里是大学学院，但当时那块地很可能属于我自己的学院，林肯学院），也许是在他勤奋的助手理查德·汤利（Richard Towneley）的建议下，并与前文提到的博学多能、无艺不精的罗伯特·胡克一起合作来进行这项工作的。他确立了一条似乎能解释我们称之为空气的气体的作用方式的自然律。[3]那就是，他发现对于给定量的空气，其所施加的压强与所占据的体积之积是一个常数。增加压强，体积减小，但压强和体积之积却保持着初值。再增加压强，体积进一步减小——而二者之积还是保持初值。因此波义耳定律（法国人称之为马略特定律）就是，对于给定量的气体，其压强与体积之积是常数——我们现在还要加上，在一定的温度下。

这条定律实际上是一个近似。多打点儿空气进去，实验结果对定律的符合性就会变差一些。抽出来一点儿，实验结果就会变好些。抽出更多，它会继续变得更好。几乎全部抽出来，它就会变得近乎完美。你能看出这件事的发展方向：如果把空气全抽出来，结果就会变成精确的。因此，波义耳定律是一条极限逼近定律，只在所讨论的气体少到可以被认为不存在的时候才确切适用。

这里我要说明的有两点。第一，我们现在理解定律的准确性为什么会随着物质丰度的下降而提高（波义耳则不然——他不可能理解，因为这依赖于知道分子的存在，而这方面的知识是在他以后建立的）。我不会在这个问题上展开得太细，但从本质上说，实验结果对定律的偏离是由于分子间的相互作用。当分子间的距离远到如仅由一丝气体组成的样本的程度时，这些相互作用就可以忽略不计了，此时分子们将以混沌的方式彼此独立地运动。"混沌"（chaos）和"气体"（gas）两个词是从同一词根派生出来的：它们在词源上是表兄弟。这些相互作用就是系统内部的"泥巴"，我们通过减少物质数量来把它"擦掉"，从而留下干净、完美的混沌。

第二点甚至比第一点更加重要，但同时又与第一点密切相关。极限逼近定律识别的是一种事物的本质，而非它蹚过现实时沾上的满脚泥巴。波义耳定律识别出了完美气体的本质，消除了真实生活中存在的实际气体，即所谓"真实气体"中搅局的分子间相互作用。极限逼近定律是在排除了一切叠床架屋的分散注意力和引发混淆的细节之后，理解一种事物自身本性的起点。不同的极限逼近定律识别了各种事物运行的完美形式，我们书中的一些探讨将以此为起点。

自然律的另一个重要的、需要一开始就指出的方面是，有些定律本质上是数学化的，而另一些用语言表述足矣。当我需要列一则方程来证实某个观点的时候，我会把它放到本书结尾的注释中，让那些愿意了解文字背后实际起作用的机制的读者可以看到。一条表达为数学形式的定律（选个极端的例子，比如爱因斯坦的广义相对论）的优势在于，它会使论证更加精确。我会在适当的地方尽我所能去提炼论证的实质内容。确实，这样一个观点是经得起推敲的。要理解一则方程的含义，方程中语言内容的精华，即物理诠释，是一个不可或缺的部分。换句话说，一个可能站得住脚的观点是，不看方程是理解的一种更深层次的形式。

并非所有自然律都是数学化的，但即便是那些非数学的自然律，一旦被表述为数学形式，也能获得更强的力量。除了自然律的起源，关于自然律，我们能问的最深层次的问题之一就是，为什么数学看起来是如此完美的一种描述自然的语言。为什么真实的现象世界会如此完美地映射到人类思维的这种极端产物之上？我在别的书里曾经探讨过这个问题，但是对于我们对世界的感知和理解而言，这个问题太关键了，因此稍后（在第九章）我会再回到这个问题上。我怀疑关于物理现实（也就是除诗人创作以外的唯一现实）的所有真正深层次的问题，如数学在描述自然方面的有效性，它们的答案可能全都与一个共同的源头绑在一起，需要通盘考虑。

* * *

最后，我还得就围绕自然律的各种周边概念说几句。正如我说过的，自然律是对实体运行方式的观测结果的总结。而要解释一条自然律则可以分为两步：第一步，提出一个**假设**。假设（来源于"基础"一词的希腊语，是地基的意思）仅仅是对隐藏在观测到的运行方式背后原因的一种猜测。这个猜测可能会得到其他观察的支持，从而逐渐成熟为一种理论（来源于"深思熟虑下的推断"的希腊语，与"剧院"的词源相同）。理论是羽翼完全丰满后的假设，它的基础可以嵌入到其他知识来源中，同时它会以形式化的方式被表述出来，并且能够通过与进一步的观测相对比来得到验证。很多情况下理论会给出预测，然后我们对预测进行验证。在很多情况下，理论是表述为数学形式的，它的推论是通过逻辑演绎和对符号的操作（以及诠释）而梳理出来的。如果一个假设或理论在任何阶段与观察发生冲突，那么重新开始，提出一个新假设，然后发展成一个新理论。

虽然我摆出了这套流程——观测，提出假设，然后逐渐成熟为理论，再依托实验进行检验，往复循环——把它当成是科学家们按部就班执行的规范，但具体的实践其实很不一样。科学方法是一种自由政体，直觉在理解的早期阶段发挥着重要作用。科学家会产生直觉，会跳跃式思维，当然肯定也会犯错误，会剽窃别人的点子，会打马虎眼，然后只是偶尔能柳暗花明。不管科学哲学家如何进行理想化，这才是真实的科学方法。科学哲学家的理想化就如同极限逼近定律，它剥去人类泥巴，识别出科学方法的实质———种在人类以及他们的弱点缺席的极限下执行的人类活动。不过在各种研究流程的大杂烩中，可接受性的最关键标准始终被维持着：所有流程中几乎都包含着预期结果与实验观测的比较。正如马克斯·普朗克（Max Planck）曾经说过的："我们拥有知识的唯一手段就是实验：剩下的都是推测。"

在某些情况下，实际甚至会与理想路径相差十万八千里。科学中的一个最具影响力的理论是达尔文的由自然选择而导致生物演化的理论。达尔文本人对这个非凡理论的规范性表述没有任何数学形式，不过后来有人用数学化的阐述极大地增强了它的威力。我也不确定这个理论是不是建立在自然律之上。当然它肯定是建立在对化石记录的观察和对物种多样性的观察基础上的，但这些观察本身也许太过于多样化，以至于无法用一条言简意赅的定律来概括它们，除非是赫伯特·斯宾塞（Herbert Spencer）那句格言式的"适者生存"（在他1864年的《生物学原理》中）——或者换个争议性和刺激性小一点儿的说法，"在现有的生态位上实现成功繁殖的生物体数量增加"。如果这可以算作一条定律，那它肯定可以被归入神通广大的内在定律之列。

* * *

这就是下面你们将看到的内容的背景知识。我已经论证了，定律分为两类，内在定律和外在定律，也就是重要无比的定律和重要性稍低些的定律。我的第一项任务就是从两类定律中各选出一些例子进行识别和审查，尝试追问它们起源于何处。我提到过，我会到创世时没有什么太多的事发生的无为中去寻找它们的起源，如果找不到，那就再接着去无规则中找。到适当的时候，我将不得不带你放飞推测的翅膀，去发现数学与真实世界的物理解释之间相关性的源头，不过这是后话，暂且按下不表。

二、无事生非①：定律何以能够从一无所有中突现

　　"一无所有"（nothing）产出的果实格外丰富。在"一无所有"无限的势力范围内，潜在地存在着一切，只不过是完全没有实现的、潜藏着的一切。以上说法当然是在故作高深，因为这个阶段我想做的是吸引住你的眼球、激发起你的好奇心。也许它们有几分神似印度哲学中不容辩驳但又无法令人满意的"有"（being）的定义：有就是不"空"（non-being）。为了避免被与前者当成一丘之貉，我要对以上说法进行展开，对"一无所有"的高产潜力进行说明。我将证明，把目光集中在"一无所有"上并不是一种更接近于神学而非物理学的、言之无物的空谈；我将展示，在科学框架内，是可以从"一无所有"中提取出可验证的结论的；并且我还会让你相信，

---

　　①　标题原文为 Much Ado about Nothing，名字来自于莎士比亚的同名戏剧。

这个字谜是可以破解的，我们是可以读出它内容中的意义的。我要展示，一无所有是最核心的概念，是我们之所以能够理解自然律的基础，因此也是我们能够理解一切是什么和一切如何运行的基础。简单说，我想要展示，"一无所有"是一切事物的基础。

为了带你理解"一无所有"究竟是什么和它会产生哪些后果，以及帮助你理解为什么"碌碌无为"在世界的底层力学结构确立的过程中发挥的作用如此重要，我希望你先以一种朴素的——即完全常识性的——方式来理解"一无所有"。早晚，这种方式会不得不让位于某种更复杂的东西，从而使常识也不得不跟着一点儿一点儿地消退，但是在这次旅程开始的时候，你还是可以放心大胆地把"一无所有"想成是空间里空无一物的状态。在我给你别的建议以前，你就踏实放松，心里想着一英里又一英里浑然一体、空无一物的空间，和一年又一年从遥远的过去伸向深不可测的未来的时间吧。想着时时处处没有时间流逝、浑然一体的虚空吧。

在进入这幅一马平川的空间和时间荒原图景之前，我还得介绍一位人物。非凡而富有想象力的德国数学家艾米·诺特（Emmy Noether，1882—1935）出生在埃尔朗根，执教于哥廷根（顶着当时歧视女性的社会压力），后为逃避纳粹迫害而投奔宾夕法尼亚的布尔茅尔学院（Bryn Mawr College）。她在那里英年早逝，留下了丰富的抽象数学概念和理论。有人称诺特是"有史以来最伟大的女数学家"（说这话的人是诺伯特·维纳，他自己也是一位著名数学家），爱因斯坦为她着迷。无论在我的立论中，还是在理论物理中，她都位于绝对的中心，这是因为她在1915年提出并在数年后发表的一个定理。我当然无法在此复述她论证过程中的技术细节，但她的结论非常简单。她确定了这样一条守则：**哪里存在对称，哪里就会出现一条相应的守恒律**。[4]我会详解这个说法，解释守恒律、对称以及诺特所确立的二者间的关系意味着什么。

我所说的"守恒律"指这样一类自然律：它断言，就算发生事件也一定会有某个量保持不变（守恒）。我已经提到过一条这样的定律了——能量守恒，在此我将再一次把焦点集中在它身上。

* * *

能量是日常话语中被广泛使用的概念之一，然而又很难把握，让人确切地说出它到底是什么。每个人都要购买很多能量，但是要说清他们买的到底是什么，那可就压力山大了。这个词早在19世纪就进入了物理学，并被慧眼识珠，很快席卷了科学界，取代了以实实在在的力的概念为焦点的牛顿式论证。它的引入及其潜力的发挥，甚至导致所有的教科书都被重写了。力几乎如字面意思一样是实实在在的，而能量却是抽象的。这正是它重要性的由来，因为抽象概念一般比具体概念具有更广泛的适用性。抽象概念是概念的骨架，可以供不同观测现象的皮肉所依附；而具体概念则是理智的孤岛。

"能量"（energy）一词的词源来自希腊词"内在的功"，这是指向它含义的一条线索。能量就是做功的能力。这个"操作定义"可能不会让你对能量到底是什么得到很深的见解，但至少能让你知道如何去识别它："功"识别起来很轻松，因为它把我们重新拉回到与实实在在的"力"的概念的联系中。功是克服反作用力实现运动的过程，如克服重力的拉曳举起重物或用电池推动电流通过电路。可用的能量越多，可做功的量就越大。一根盘绕的弹簧比它被展开的时候拥有更多能量：在盘绕的情况下它能够做功，展开的情况下则不能。一箱水在热的时候比冷的时候拥有更多能量。我们可以设法制造某种引擎，通过使用热水中储存的能量来做功，但是水冷却以后就不行了。

世上有各种各样的能量。它们包括：动能，由于运动而具有的能量，如球在运动中所具有的能量；势能，从所处的位置中产生的能量，如因地球对重物的引力而产生的能量；还有辐射能，通过辐射传输的能量，如我们感受到的来自于太阳的温暖，以及它对光合作用的驱动，还有随之而来的被我们称为"生物圈"的一系列后果。[5] 每一种类型的能量都可以转换为其他任何一种。然而，这似乎是一条严格的自然律：**宇宙中**

能量的总量是恒定的。如果一种形式的能量有所损失，那它一定会以别的形式或者同样的形式在别处重新出现。举一个熟悉的例子来说明这种恒定性：将一个球抛到空中，被释放后，它先是有很多动能，随着克服重力的拉曳不断上升，它的势能逐渐增加而动能逐渐下降；达到弧顶时，它会瞬时静止。此时它的动能为零，初始能量在这一刻全部表现为势能。当它落回地面，随着下落而不断加速，它的势能再次下降而动能增加。在它飞行的每个阶段，从头到尾，它的总能量——动能和势能的总和——是恒定的。能量守恒定律将这种恒定性总结为以下陈述：**能量既不能被创造，也不能被消灭**。

在第一章中我提到过，能量守恒定律如此强大，以至于有人因发现它在某处明显失效而预言了新的基本粒子的存在。丹麦理论物理学家、量子力学早期版本的创立者尼尔斯·玻尔（Neils Bohr, 1885—1962）在考虑一些令人困惑的观测结果时，曾怀疑能量守恒定律在某些新研究的核反应过程中是否是失效的。但事实并非如此，因为能量被一种前所未知的粒子带走了，这种粒子就是中微子，"微小的中性粒子"。1930年，中微子的存在被沃尔夫冈·泡利提出，随后它被苦苦搜寻，最终在1956年完成的一项实验中被发现。[6]这段故事说明，能量守恒定律完全可以用大卫·休谟对待奇迹的态度来对待：比起相信报告的内容，怀疑报告者才是更理性的。因此，科学家们对待任何关于能量守恒失效的报告，总会抱以极端的怀疑。就像在这个例子中，能量守恒定律被质疑、被探查，并最终顺利过关了。当然，也并非不能设想宇宙中未探索的部分还藏着龙，在某些尚未为人所知的事件中守恒会失效。

早晚，事实上是在第八章，我必定还会回到这一点，到时将会涉及那条伟大但被广泛曲解的、澄清人类思想的原理——海森堡的不确定性原理，有些人认为它打开了一个漏洞，允许能量在非常短的时间尺度上波动。从更宽广的视角，以及更传统地来看，能量守恒是永动机——不消耗燃料就实现做功——之所以不可能的底层原因。说实在的，这条定律的组成部分之一就是永动机无法实现，无论人们如何越来越孤注一掷地去尝试做这件事。事实上，尽管不少江湖骗子反复声称他们做到了，但永动机从来没有被实现过，并且现在被认为根本不可能实现。从某种意义上说，这一观察结果意味着放弃不用出力就能获得无限能量的愿景，作为其后果，也意味着放弃无限财富的愿景；这项观察是一大族自然律的基础之一，这就是热力学定律，我将在第五章回来讲它们。那些江湖骗子的后继者们，在荣华富贵的胡萝卜尖儿的驱策下，当然还会继续坚持提供号称可以无中生有地做功的复杂机器，但他们得到的，只是被曝光、被讥笑，以及对能量守恒定律更强的信心。在某种程度上，我们应该感谢他们（当然更要感谢他们那些兢兢业业的对手们，是他们不辞辛苦地推翻了这些虚假声明），因为正是对能量守恒定律持之以恒的、咄咄逼人的、孜孜不倦的攻击的失败，导致了人们对其有效性的接受程度得到了加强。

还有大量的其他证据，因为以牛顿力学为基础的、关于粒子运动的所有计算都依赖于能量守恒，虽然在一定的情况下，也会出现对牛顿预测的偏离，但这些偏离都是由其他广为人知的原因造成的。量子力学计算也依赖于能量守恒定律的有效性，并且在给出与观测结果精确一致的结论方面，这种计算总是屡试不爽。就能量守恒而且确切地守恒这件事而言，没有可置疑的余地。

能量守恒，虽然显然在技术上、经济上以及对于求解课本上的习题而言具有显著的重要性，但实际比表面上所展现的还要重要。它是"因果性"——这个看来无可否认的观察经验——的基础：每个事件都是由之前的一个事件所导致的。没有因果性，世事将变幻无常，宇宙也将颠三倒四、一片狼藉。有了因果性，就有了在由因及果、推果溯因的意义上理解问题的可能性。因果性带来了发现秩序与发现事物运行的系统性方式的前景。而事物运行的系统性方式正表现为自然律，从而也就使科学所包含的理解形式得以突现。能量守恒在因果性中发挥着核心作用，因为它对可能发生的事施加了一个强大的约束：能量在任何情况下都必须是守恒的。能量守恒就像一支严肃认真、严阵以待、廉洁高效的警察部队，它将能量约束为一个单一、固定，且据推测按照宇宙法则注定不可改变的值，任何偏离这条定律的情况都将被严格禁止。如果能量不守恒，那么由一个先发事件所引发的各种作用，所受到的约束就会更少，而我们可能也就得不到什么因果性了。对，还有其他约束，但由于能量在万物运行中处于如此中心的位置且对所有过程都普遍适用，因此它的守恒也就成为了头等重要的。正如我在第一章说到的，它是定律中的帝王，所有内在定律之母。

* * *

那么，能量为什么守恒？这条所有定律中最至高无上的定律来源于哪里？诺特正是从这里切入，并用她精彩绝伦的定理来阐释我之前请你考虑的无趣的虚空。其核心观点是，按照她关于某个量的守恒是源于相关物的对称性，我们目前关注的能量守恒，是从时间的均匀性中冒出来的。这种均匀性，也就是上文所说的诺特定理中的"对称"项。

这种均匀性有何实践意义？从表面看，时间的均匀性仅仅意味着你在周一或周四（或随便什么时候）做相同的实验会得到同样的结果。也就是说，在全部条件都相同的情况下，单摆的摆动或小球的飞行运动总是一样的，与你什么时候观察它们无关。为表示这种均匀性以及自然律相对于时间的独立性，自然律被说成是"时间不变的"。在实践中，时间不变性意味着，如果你有一个方程，描写了一个发生在某特定时间片段中的过程，那么同样的方程在任何其他时间片段中也适用。换句话说，自然律不随时间而发生变化。这些定律产生的后果可能会改变，比如一颗行星可能会漂移到一个稍微不同的轨道上，或你可能在扔球时，扔得比预期的更快，但定律本身是不变的。

现在来看看更深层的理解。要使自然律在时间上不变，**时间本身必须匀速地前进**。这也就是说，时间不能慢下来再加速，然后在下个瞬间又突然来个急刹车。想想这对于一个小球的飞行，或从更大的尺度来说，对于一颗行星的轨道运动意味着什么，时间在它的运动路径上一会儿被压扁，一会儿又被拉长——很难想象有人能构建出一套描写它飞行的动力学理论。小球会看似突然加速、减速，在没有明显受到外力作用的情况下悬浮在空中。周一遵循一套定律，周四遵循另一套。即便时间不是随机变化，而是有规律地起伏、周期性地伸展和收缩，小球的飞行状况也将波谲云诡，就算牛顿再世也不大可能解得出，而世界很可能就要停留在一个扑朔迷离的动力学环境中了。为了使自然律相对于它发挥作用的时间是独立的，时间必须以均匀的方式流逝：嘀嗒，嘀嗒，嘀嗒……以稳定而不间断的节奏奔流向前。

你可能会提出一些论证来反驳均匀时间的正当性，我能预见到其中的几种。有一种论证可能会是，我们的测量仪器也会随小球经历的时间同步伸缩。这样，我们可能就不会，也许是不能察觉到时间的非均匀性，因为不论出于何种原理，只要我们的测量仪器（包括我们的眼睛和耳朵）的物理特性也发生同步变化，我们对变化就将视而不见、听而不闻。我想对这种异议的一种反驳是，我们为了描写运动而写出来并进行求解的那些方程，就我们所见，并不是会伸缩的东西（因为作为这些方程中的一个参量而存在的"时间"并没有以那样的方式发生变化），因此在这个意义上，这些方程是对运动的一种客观描述，而非主观描述。说实在的，尽管诺特定理的逆命题（这个逆命题暗示，只要存在守恒性质，就必然有相关的对称性）不如它"正向"的版本（如果存在对称性，则存在一个相关的守恒性质）可靠，但还是可以给出一个更进一步的论证。那就是，因为我们知道能量是守恒的，那么可以谨慎地推测时间必然是均匀的。

你可能还会提出这样的反对意见：当爱因斯坦爬上牛顿的肩膀，他的宇宙观揭示出的是一个时间在其中被局部扭曲了的宇宙（这是广义相对论的内容，该理论认为时空会因大质量物体——比如行星——的存在而遭到扭曲），因此时间在局域上不是均匀的，诺特定理并没有说明能量在局域上守恒。这是一种重要的反对意见，当你提出它时，实际上与很多优秀人物英雄所见略同。据说是具有非凡洞察力和影响力的德国数学家大卫·希尔伯特（David Hilbert，1862—1943）建议诺特应该考虑这种反对意见的，也正是这条建议促使诺特开始进一步推进她的证明。最终她以一条补充定理（"诺特第二定理"）为这件事画上了句号。我有两个借口来规避这种反对意见（找借口一向是一种可疑的做法，无论在科学上还是在生活中，因为我必须承认，这两个借口并不能解释问题）。

最重要的一点是，正如在诺特最初的定理中一样，我将把我对这一定理的应用限定在全局范围，在整个宇宙。即便物质已经形成并凝结成行星、恒星系和星系，并扭曲了它们周围的时空，在总体上、全局上，仍存在着均匀性，因为这里的拉伸会补偿别处的收缩。从整体上看，时空以及它的时间分量，几乎肯定是平坦的。其次，时空的任何足够小的区域都是局部平坦的，能量守恒可以适用。[7]

我希望你现在能够怀着谨慎的态度接受，时间在全局尺度上是均匀的（并在足够小的区域内局域均匀），从而，作为这一前提的结果（根据诺特第一原理），能量将会守恒。正如我提到的，如果我们能倾听时间的行程，那么，嘀嗒，嘀嗒，嘀嗒……将永世回荡。如果相反，时间是嘀嗒嘀嗒……嘀嗒……嘀嗒嘀嗒，或以诸如此类的方式运行，时间就不是均匀的，而后果则是，能量不再守恒，世界不可理解，科学也将毫无意义。

二、无事生非：定律何以能够从一无所有中突现

* * *

但为什么时间是均匀的？在此，我在本章中首次求助于"无为"，以及我关于创世时没什么太多的事发生的试探性建议。我需要把你的思绪带回到宇宙揭幕的那一刻、万物创生的瞬间，但是在这样做以前，还有几句简单的免责声明我得说在前头，以便在你提出这些问题之前先让它们靠边站。

首先，的确可以设想，这个宇宙有可能是前一个宇宙的产物，而之前的宇宙又可能是另一个祖母宇宙的产物，以此类推，直到时间的尽头。然而，可以推测在很久以前，总会有第一个宇宙——让我们称之为元祖宇宙——是完全从一无所有中突现出来的。而这个，我们当前的宇宙，有可能就是这个元祖宇宙，是自己从一无所有中冒出来的（而且可能还会进一步产生后代，并且也许已经后继有"宇宙"了）。而我关注的正是元祖宇宙，无论它是这个宇宙，还是这个宇宙的祖先。要点在于，在某个阶段，看起来必然发生过一个事件，在这个事件中，"一无所有"把自己变成了"有点儿什么"，即便这个事件发生在好几代宇宙以前。就算这个代际的数量是无穷，元祖宇宙仍有可能是在有限的时间以前突现出来的。[8]我在此忽略这个问题，因为既没有证据能证明情况就是如此，也没有证据证明不是，并且我的直觉在这个问题上也保持沉默。而且对于当前的论题而言，这也不真的那么重要。

其次，当我把时间推向遥远的过去的时候，我可能正在犯简单化的错误。很可能时间是一个圆环，它会不断弯曲，直至回到原点、首尾相接，从而像地球表面一样，没有起点。当我们深入到遥远的未来，可能会发现自己回到了遥远的过去，而现在，也许是以一种修改过的形式出现的现在，在当时还未发生。我们目前积累了几十亿年的经验，形成了以下观点：时间本质上是沿一条直线向前移动的。我们既没有证据支持也没有证据反对这条直线是一个巨大圆弧上的小片段的可能性。当下，我们都会嘲笑那些对地球曲率视而不见的地平论者。而有朝一日，我们时平论者可能也会成为被嘲笑的对象。简言之，我假设存在一个——无论何种意义上的——开端，也许是天真了。在这里，我那无关紧要的直觉同样沉默不语，而我所能做的只是指出这种可能性，但是把它们搁置在一边。尽管没有证据能证明它，但这种可能性还是存在的，并且可能被证明是我在第一章提到的情况的一个例子，即科学有能力通过说明一个问题无意义而取得进步。在这个例子中，如果时间是圆环，那么就没有可识别的起点——一个圆环要从哪里开始？在这个案例中，科学将能够宣称获得了某种皮洛士式胜利①，因为它将能够宣称，它消灭了一切开始时发生了什么之谜，因为没有开始。换句话说，

---

① 皮洛士式胜利一词来自古希腊名将皮洛士与罗马人作战的故事，指得不偿失的胜利。

起点就是终点。

循环时间还不是唯一可能的问题。现在人们经过非常仔细的检查，发现在宇宙——无论它是不是元祖——创生之初非常短的时间内，时间的概念可能会崩溃。这一情况可能会以几种方式发生。一种可能性是，在极短距离（即所谓的"普朗克长度"）内，被假定存在的、人们习以为常的空间的光滑性会被打破，时间与空间的区别就会消失。[9]当代物理学也会在此处茫然失措，至今还没有人就如何应对这种局面想出任何良策。在这个尺度上，时空不再是光滑、连续的流体状介质，而更像一盒沙子或泡沫。这也是一个我必须先放在一边的问题。

* * *

在没有任何令人信服的相反观点的情况下，让我们假设确实有一个起点，并把注意力集中到从"一无所有"变成"有点儿什么"的那个瞬间，也就是如此之多的哲学、神话，以及神学推测（在此我不得不承认，这些推测是准科学的）都特别关注的那个点。到目前为止，我一直鼓励你把"一无所有"理解成仅仅是空无一物的空间和空无一物的时间，简言之，空无一物的时空。现在需要你摆脱这种初级观点。从现在起，我说的"一无所有"意思是绝对的一无所有。我指的是比空无一物的空间更空无一物的状态，是比真空更空的

"空"。如果你愿意，可以理解成印度人所说的不存在"有"。为了强调一无所有的绝对空无的属性，并且让你在脑中时刻意识到这一点，我将把它称为"无"（Nothing）。这个"无"没有空间，也没有时间。这个"无"真的是绝对地一无所有。一片没有空间和时间的空白，彻底的空，超越了空的空。它所拥有的一切，就只是一个名字。[10]

在宇宙形成之初（此处指元祖宇宙，但是为了简单起见，我将不再使用这个词），这个"无"摇身一变成为了"有"，而我们的太初宇宙也从此具备了时间和空间。这摇身一变的直接后果导致了我们称之为大爆炸的事件，不过在这个阶段，我想避免让你产生大爆炸的印象，我更愿意把大爆炸当成是在这次摇身一变之后发生的事件。某种意义上，是适时的摇身一变使爆炸成为了可能。科学目前对于使"无"摇身一变成为"有"的机制还保持着沉默，并且可能永远沉默下去，虽然人们已经提出了些许推测。那些更具宗教倾向的人，甚至那些有诗意情怀的世俗主义者，也许能够满足于这样一幅图景：一个造物主，本身在"无"之外，和"无"肩并着肩，它也许偶然地碰了"无"一下，结果就导致它开始生变（也许，如果真是偶然碰到的，它现在正为这一碰的后果吓得发呆呢）。但这不是科学看问题的方式。

让我们把目光聚焦到这"一变"上，把它是怎么发生的这个问题先搁在一边，留到改天再谈。[11]我的推测，如你所知，是当"无"变成"有"的时候，没什么太多的事发生。你可能能接受"无"是绝对均匀的：它不会有包、有洞、有缝、有坑，不会有拉伸和挤压，因为那样它就不是"无"了。然后，当宇宙在没什么太多的事发生的情况下，摇身一变为存在，"无"的这种均匀性得到了保留——在我看来这是说得通的。因此，空间和时间，当它们从这个事件中突现出来的时候，是均匀的。尤其时间是均匀的，也因此（如诺特所说）能量是守恒的。由此，这条自然界的首要定律得以突现，紧接着就是因果性、科学以及物理世界的可理解性。它也开启了使农业、战争以及作为其缩影的体育运动在随后突现的前景，还有那些感官和智力的愉悦与刺激，文学、音乐和视觉艺术。这个"没什么太多"，出奇地生养繁多。

无可否认，在宇宙之初"没什么太多的事"发生的观点是一个假设、一个推测，而且看似与现实背道而驰。但是当假设的推论获得了与观察相一致的结果，那么假设也就具有了有效性。在这个例子中，"没什么太多的事"发生这一假设已经带来了一个已被证实的观测结果，因此它未必不是正确的。然而，未必不正确并不意味着确保正确，因为还有其他替代性假设也可能导致同样的结论。科学是刻薄的：仅凭单独的一个与观测事实相冲突的推论，就足以将一个假设扫进不断扩大的历史废料场，那里经年累月堆满了废弃的想法。而一个单独的已证实推论，则仅仅是在鼓励人们继续探索，而并不为假设的有效性提供保证。当假设的内涵以及在某些案例中的预言逐渐丰富起来，并与观测相一致，假设就走向成熟，蜕变成了理论，但即便一个已经幸存到可以安心步入"中年"时代的理论，也有可能因一个错误的推论而被扫进垃圾堆。

所有科学上的想法都过着朝不保夕的日子。一个成功的推论当然——也许仅仅只能算是——差强人意，但是否还能从我的推测中导出其他可以被观测支持的推论，来帮助它至少暂时幸免于科学的死刑判决呢？

* * *

我已经占用了不少空间来讨论时间，现在我要花点儿时间讨论空间。空间是我们的家园以及我们在其中做运动的沙坑，它从宇宙之初就开始存在了。与我刚刚论证过的大同小异，当"无"摇身一变成为"有"，"无"的均匀性就传给了突现出来的新生的空间。艾米·诺特关于对称与守恒间联系的洞见中所援引的对称性，在这个例子中，也就是被继承下来的空间的均匀性。

空间的均匀性是什么意思？与我早先提及的对时间均匀性的诠释一样，要诠释空间的均匀性，就意味着你在这儿做一个实验，与在别的地方做一个实验，结果是相同的。不同实验室里的实验会得到相同的结果。自然律跟你在哪儿无关。

这些定律可能产生不同的后果，因为不同地点的条件可能是不一致的，但定律本身相同。这就是说，虽然控制单摆摆动的定律都相同，但同样的单摆在海平面上摆动与在重力更弱一些的山上摆动，周期是不同的。如果你从一个地区搬到另一个地区，你不必改变表达定律的方程。定律是空间一致的。

由于空间与时间并无内在区别（按照相对论，它们是时空的两面），任何适用于时间的说法也适用于空间。就像在时间中一样，要使一条定律从一个地方到另一个地方不会出现不同，空间本身必须是均匀的。也就是说，空间不会在这里挤在一起，在那里弥漫四散，诸如此类。就像关于时间扭曲的论证一样，如果空间不是均匀的，那么很难想象如何建构出一个描述小球飞行的动力学理论。与之前用在时间问题上的免责声明相同，我们所关注的是宇宙的整体均匀性或局部平坦的小块空间，以便可以使用诺特第一定理（联系对称与守恒的那条），而不是求助于她的第二定理（关于扭曲时空的那条）。从全局来说，我假定，空间是平坦的。

诺特定理现在是在空间均匀性的语境下上场的。按照这一定理，空间均匀性的其中一种含义是"线性动量"守恒。我需要就线性动量及其守恒的概念说两句。

线性动量是物体的质量与其速度的乘积。[12]因此，一枚快速移动的重型炮弹拥有很高的线性动量。而一颗缓慢移动的、轻飘飘的网球则拥有很低的线性动量。速度（velocity）与速率（speed），尽管在日常语言中是同义词，但在科学中是不一样的，因为除了同样依赖于位置变化的快慢（速率）以外，速度还包含了方向的概念。也就是说，一个以恒定速率运动，但却不断改变方向的物体（例如，一颗绕日运行的行星），它的速度是在连续改变的。一颗棒球被球棒击中后，其飞出去的速率可能与来时的速率相同，但它的速度，也包括它的线性动量却是相反的。在考虑线性动量时，总是不但要考虑快慢，还要考虑方向。这让线性动量守恒的概念，也就是在任何事件中总线性动量保持不变这一定律，被搞得稍微有点儿复杂，因为你必须把各个不同的前进方向都记在心里（在考虑能量守恒时就没有出现这个问题，因为在那里方向是不起作用的），不过这条定律还是非常容易形象化的。

线性动量在粒子碰撞中是守恒的。一个简单的例子是两颗完全一样的台球以相同的速率滚向彼此。此时两球的总动量为零（因为两颗球的速度大小相等、方向相反，因此相加为零），当两球相遇，二者停止运动，则它们的总线性动量仍为零。如果它们以一个角度相向运动，它们的总线性动量就不再是零了。相撞后，它们会彼此滚离对方。结果，新路径会刚好让它们的总线性动量保持不变。无论以什么角度碰撞，无论它们的质量有什么不同，无论它们的初始速率有什么不同，也无论有多少个球参与碰撞，碰撞后的总线性动量都与碰撞前一样。线性动量确实是守恒的，它因空间的均匀性而守恒。

由"没什么太多的事发生"这一假设结合诺特定理得出的线性动量守恒，是一个已被验证且影响深远的观测结果。它是整个艾萨克·牛顿力学体系的基石，该体系也被称为"经典力学"。也就是说，线性动量守恒是决定物体运动轨迹以及物体在碰撞或彼此施加力时所发生的变化的基石；是导致气体分子撞击容器壁时产生的压力的基石；是关于行星、恒星、星系的经典描述的基石；也是喷气发动机和火箭发动机运行的基石。

"无"与无为的联合体已经带我们走了很远。通过对能量守恒进行说明，它为因果性提供了坚实的基础，而通过为牛顿物理学的底层假设提供解释，它已经开始把活动（activity）是如何从时空舞台上突现出来的容纳进来了。还会有更多的吗？原生的无为状态还导致了其他任何后果吗？

* * *

我已经讨论了线性动量，这种动量是关于以不同质量和速度穿过空间运动的物体的。我得指出，还存在另一种动量，即"角动量"，这种动量是关于旋转运动的。地球拥有因每日围绕两极的周期运动，也即以地轴为中心的自转，而产生的角动量。它也拥有因绕日公转的周年运动而产生的角动量。所有旋转物体都具有角动量，即便它们并未破空前行。月球环绕地球运动时会产生一个公转的角动量；它以与之相配的速率绕月轴自转（因此月球在整个朔望月周期内总以同一面对着地球）时又会产生自身的自转角动量。现在，我们要引出又一条确立已久的自然律：如线性动量一样，角动量是守恒的。虽然你可以让一个物体转起来，比如旋转一个轮子或设法旋转一个球，从而使它获得角动量，但与此同时别的地方就会产生一个补偿的角动量。每次你骑着自行车往东走的时候，你都让地球绕地轴运动的角动量减小了一个与此相匹配但是完全可忽略的值。虽然可忽略，但角动量"警察"还是会注意到它。每次你骑着自行车往西走，你都让地球的自转增加了，让一天变短了——这种变化完全察觉不到，除了角动量"警察"，他眼里可不容半点儿沙子。

恰如在线性动量的案例中那样，在估量和理解角动量守恒的意义时，必须把速率和方向配合在一起考虑。但"旋转运动的方向"是什么意思呢？因为行星或任何转动的物体，它们的前进方向是随着迁移路径的移动而不断变化的。为了给旋转加上方向，想象这个运动发生在一个平面上，然后在圆周运动的圆心处加一个箭头，使之垂直于平面。如果从下面看运动是顺时针的，那么箭头就从平面指向平面上方；如果从上面看运动是顺时针的，那么箭头就从平面指向平面下方。把这个约定想象成一个常见的螺丝起子：随着起子的转动，它会沿我们约定中箭头的方向前进——当你顺时针旋转起子，它就会钻入软木塞。当你坐着汽车向前行驶的时候，从车的右手边看去，所有轮子都在顺时针旋转，因此你可以想象每个轮子的轮毂上都有一个箭头在指向左侧。当汽车加速，这些假想的箭头会按一定比例随速率增加而伸长。你刹车，它们就收缩。如果你停下，然后倒车，它们又会从右边冒出来，并慢慢变长。我脑海中浮现出布狄卡①和她战车的形象：向前行驶时，她会从左侧砍杀敌人，沿反方向倒退时，则从右侧砍杀敌人。

还有一点是你要知道的。线性动量等于速度乘以质量，其中质量相当于对线性的直线运动在发生改变时会遭到多少抵抗的计量。质量越大，阻止改变实现的惯性就越大。对角动量变化的抵抗类似地与一个叫"转动惯量"的量关联在一起，这个名字想要表达的并不是一个短暂的瞌睡，而是对旋转运动——不是线性运动——的抵抗。（"力矩"一词在物理学中被用来表示一种由杠杆造成的影响——而不是沿飞行路线作用的影响；就像用扳手拧一个螺母，扳手会施加一个强制的力矩，一个扭转力。）②两个物体可能具有相同的质量，但

① 公元1世纪不列颠岛上的凯尔特人女王，曾率领凯尔特人反抗罗马人。
② 转动惯量，英文为moment of inertia，直译为惯性矩或惯性力矩。其中moment作为物理学术语指力矩，即在距旋转轴一定距离的地方对一个旋转系统施加一个力所产生的扭转作用；inertia则指惯性。但是由于在日常语言中，moment通常指很短的一段时间，通常可以翻译为片刻或一瞬，inertia则有懒惰、惰性之意，因此"moment of inertia"从字面上也可解为"片刻的懒惰"。由于转动惯量在关于转动问题的广义动力学方程中的位置基本上对应于线性动力学中的质量，因此国内理科文献一般习惯将其译作转动惯量；部分工程技术文献则将其直译为惯性矩或惯性力矩。

转动惯量不同。例如，想象质量相同的两个轮子，其中一个的重量集中在车轴附近，而另一个集中在轮辋附近。前一个比后一个更容易获得加速，转动起来，也就是说它的转动惯量更小。一个快速旋转的物体（如飞轮），如果它的转动惯量很大，那么它比一个以同样速率旋转的转动惯量更小的物体具有更高的角动量。飞轮之所以能维持平稳的旋转运动，只是因为它们拥有很高的转动惯量，所以很难停止转动。运动物体线性动量的大小是它的质量与它沿直线改变位置的速率的乘积。作为类比，旋转物体角动量的大小则是其转动惯量与转动速率的乘积。[13]

角动量守恒定律是对以下实验观察结果的表述，即**角动量既不能被创生，也不能被毁灭**。它可以从一个物体转移到另一个物体，就像两个旋转的球碰撞时，或者当你骑自行车加速时。但宇宙中所有物体的总角动量是一个常数（可能为零）。角动量是守恒的。如果一个物体通过某个加速扭转的运动获得角动量，那么另一个与之相连的物体就会失去角动量。如果在碰撞中，一个球把角动量甩出去了，那么其他地方就会有一个物体（例如地球）的角动量发生一个相应的变化。也许最直观的情景是一个旋转的滑冰运动员，当他/她收回手臂以减少自己的转动惯量时，他/她会旋转得更快，但角动量保持不变。

那么角动量为什么守恒？你现在知道了，要理解任何守恒律的起源，你必须使用诺特定理，并寻找与守恒量关联在一起的底层对称性。在这个案例中，诺特定理所认定的相关对称性是空间的"各向同性"。各向同性（源自希腊词"相同的转动"）指的是围绕一个点环绕一圈，所经过的空间的均匀性。考虑一个点，向外移动一点儿，然后绕着原点走一圈。如果你发现，在这条环路上没有出现空间性质的改变（无论何种意义上的），那么你选择的点附近就是各向同性的。一个乒乓球是各向同性的；如果忽略表面上的凹痕，高尔夫球也是。因此要解释角动量守恒，你得找出空间之所以具有旋转对称性的原因。

到现在为止，你可能已经能看出这个论证该怎么做了。你得再一次考虑"无"。"无"就是各向同性的，也就是说，我们的宇宙（或元祖宇宙）出现之前的绝对的一无所有必然是各向同性的；如果它不是，如果它有包、有坑，它就不是"无"了。当"无"摇身一变而为"有"，没什么太多的事发生（这里套用我的假设）。于是乎，"无"的各向同性属性在空间和时间突现的时候被保存下来，结果就是，我们现在拥有的空间是各向同性的。各向同性隐含的意思就是角动量守恒。到此为止，又一条基本自然律突现出来了，完全不必强加任何东西。

顺便，"无"还有一个方面值得一提。当我们（这里的"我们"说的是全体天文学家和宇宙学家，我们的观测者）把目光投向挤满可见宇宙的诸星系——而不仅仅是分立的恒星的时候，我们发现它们在旋转，从而说明它们是有角动量的。然而这些旋转的速率各不相同，表征旋转方向的箭头指向也很明显是随机的。当估算可见宇宙的总角动量时（允许相反的角动量相互抵消），我们会发现结果是零。尽管各个组成部分都在各自旋转，但从整体上说，可见宇宙的角动量为零。这恰恰是在"无"摇身一变成为明显的"有"的时候你应该期待的。"无"没有角动量，因此突现出来的"有"继承同样的角动量也不足为奇。创世时没有创造角动量，今天（从整体上说）也没有。我们当下的"有"只是继承了它的母亲"无"的属性。

* * *

说到哪儿了？我希望以下这点已经清楚了，即宇宙形成时没什么太多的事发生的假定已经导致了三条主要的自然律：能量守恒和两种类型的动量守恒——线性动量守恒和角动量守恒。在每个案例中，宇宙看起来都只是继承了作为它前身的虚空的均匀性，并把这种继承体现为三条主要的自然律。定律不需要被强加：它们只是由一个原始的前在状态——绝对的"无"的状态——遗留下来的必然结果。还有其他守恒律（例如电荷守恒），它们中的每一条都有一种对称与之相联。要把它们挖出来，我们得更深入地看看自然的本性，在后面的章节中，我还会回到这一点。还有很多小定律，我称之为外在定律，我还没有探究它们的起源。下面该轮到它们的时间了。此刻，是时候找地方让无为休息一下，而让无规则去实施统治了。①

---

① 此处的"无为"（indolence）可直译为"懒惰"，"无规则"（anarchy）在政治学中表示"无政府状态"。原文也可以理解为：让懒惰休息，让无政府状态实施统治。

三、无法无天：定律何以
从无定律中突现

　　就像在政治中一样：当无为而治因努力工作而累得难以
为继的时候，无法无天就会粉墨登场并取得控制权[①]——科
学上也是如此。就在宇宙刚刚摇身一变而成为了存在，并
保存了"无"的各种均匀性特征，从而使伟大的自然守恒律
兴起之时，栖身于这个宇宙并统治着它的其中一些定律就已
经作为无规则的后果出现了。在本章中，我会论证，由艾萨
克·牛顿（Isaac Newton，1642—1727）在17世纪晚期发展
起来，并在随后两个世纪里如此有效地进一步发展细化的经
典力学，以及埃尔温·薛定谔和海森堡的量子力学，都是无
规则的表现。由薛定谔和海森堡在20世纪早期发展起来并由
其他人完善了细节的定律体系隐藏在早先由牛顿提出的非凡

---

　　① 与上一章结尾一样，此处也可以直译为：当懒惰因努力工作而筋疲力
尽，无政府状态就会出来实施控制。

公式之下。它们仍然深深令人困惑，但它们是大自然放任自流的结果，只有从原初的无为中兴起的伟大守恒律曾提供过一点儿约束。我之前已经说明了，是无为在负责维持这个舞台的秩序；而在这里我要说明的是，是从无规则中，冒出了这个舞台上的行为法则。

经典力学和量子力学我打算两个一起说。为了做到这一点，我会以一种非常笼统的方式来描述它们的内容，即只介绍二者的少数核心概念，而避免（就量子力学而言）在迷人但也令人困扰的诠释问题上过度纠缠。事实上，对于支配实体运行方式的定律而言，诠释是次要的，因为诠释不过是在尝试确立一条按照与日常经验相关联的概念来思考定律带来的推论的途径。自然律，与支配社会的法律不同，无须诠释也能存在；但是当然，正如我已经说过的，寻求去诠释定律中所隐含的东西，并进而启发我们认识物理实在，是科学的固有组成部分。

经典力学很容易诠释，因为它对世界运行方式的描述，通过我们对位置与速度的感知和理解，可以直接关联到日常经验上。而与量子力学相关联的思想革命则引发了一场至今未解的困惑，尽管由量子力学给出的数值上与观测上的预言——这些预言源自对量子力学定律的执行（也就是说，仅仅按部就班地按定律给出的计算规则进行计算），与它们的诠释是两回事——始终如一地（至少到目前为止是这样）以非常显著的程度与观测结果相吻合。这可能是因为人类的大脑配置太低，无法摆脱观察熟悉物体运动的遗传特性，就是干脆不能接受量子力学各种反直觉的陌生性。我们的大脑是为了适应草原和丛林而被建造——或者说在生存压力下演化——出来的，关于我们为什么不能理解量子力学，可能有根本性的神经结构原因。未来有一天，我假设，可能会有一台量子计算机宣布，它理解了它自己的原理，而我们却会继续困惑下去，尽管是我们把它造出来的。理解量子力学有多难，或者是不是存在固有的不可能性，对我的目的而言无关紧要。我关心的是定律本身，而不是人类在奋力搞清它们意味着什么的时候遇到的困难。

所以说，我的目标仅仅就是要说明，量子力学的一根核心的梁柱是非常自然地从无规则中突现出来的，并且这根梁柱也是导致牛顿经典力学以一种非常直接的方式突现出来的跳板。为了完成这一说明，我得先带你走上一条看似绕远的乡间小路，但之后就会柳暗花明，转上一条通向理解的高速公路。这条绕远的路将会向你介绍一条外在定律，而这条外在定律最后会成为一条内在定律之母。

* * *

有一条小小的自然律，在我的分类中属于"外在定律"，即**光沿直线传播**。与这一运行规律相关联的是作为其结果的支配镜面反射的外部定律，即反射角等于入射角。这条定律意味着，平面镜会准确地把世界映照出来，它不会扭曲图像以致其变得不可理解或至少是充满欺骗。你可能也会想起"斯涅尔定律"，它是由很多人发现和重新发现的，包括1621年的荷兰天文学家威理博·斯涅尔（Willebrord Snellius，1580—1626），这条定律说的是当一束光线在空气和水（或任何其他透明介质）的界面上以一个角度弯曲的时候，这个折射角取决于空气与介质折射率的相对值（后面有对这个问题更详细的讨论）。[14]那么光的这一运行规律又根源于什么？

上述两种情况，在稍微更深入一点儿的整合与理解的水平上，也就是通过把折射与反射定律结合在一起来考虑，其一般性的定律为：**光取从光源到目的地间需时最少的路径。**（先别问为什么，后边很快会说到。）这就是由法国数学家皮埃尔·德·费马（Pierre de Fermat，1601？—1665）提出并进行了探讨的"最短时间原理"，尽管它可以追溯到古希腊数学家、发明家以及与理论相结合的科学实验方法的早期实践者，亚历山大的希罗（Hero of Alexandria，公元10—70）在大约公元60年提出的理论。它也可以追溯到阿拉伯数学家、天文学家以及与希罗类似的科学方法先驱，阿里·艾尔-哈桑·伊本·艾尔-哈桑·伊本·艾尔-海什木（Alī al-

Ḥasan ibn al-Ḥasan ibn al-Haytham[①]，965—1040；为了方便起见，也为了抹去名字中的民族印迹，欧洲人后来将其拉丁化为 Alhazen）1021年在他的光学著作中给出的论述。

　　捎带，我想让你记下一个类似的提法，即"最小作用量原理"，因为我们很快就会涉及到它，此处的"作用量"（action）一词有一个技术性的含义，我将在稍后予以阐明，但目前你可以从表面上将它的意思理解为"付出的努力"。这则原理由法国哲学家，同时也是博学多能的全才，皮埃尔·莫佩尔蒂（Pierre Maupertuis，1698—1759）在18世纪40年代早期提出，内容是关于粒子（包括从豌豆到行星的任何粒子）传播的。按照这则原理，**粒子在两个固定点之间运动，所取的路径应使与路径关联在一起的作用量最小**。飞行的棒球会划出一条路径，从它脱离球棒的那一刻开始，这条路径会让它飞行的作用量最小化。地球亦福至心灵，踏上了一条按照它被给定的轨道速度和到太阳的距离来说，所牵涉的作用量最少的轨道。其他行星和各种宇宙碎片也是，各得其所地走上了作用量最少的轨道。飞行中的抛射物会沿原点与目标间所牵涉的作用量最少的轨迹前进。任何其他路径都对应着更大的作用量、更多的努力。这就仿佛是无为原理又一次发挥了作用，最小作用量对应着最大的懒惰；但我要向

---

① 原书印刷有误，尤其al-Haytham拼写错误。

大家展示，起作用的其实是另一个原理，而不是其看似可能指向的那个拟人化的暗喻。

在这两则原理——一则适用于光，另一则适用于粒子——中，还埋伏着一句深层次的潜台词：因为这两则原理都具有相似的形式、相似的起源，所以也许它们是可以统一的；到适当的时候，我会以这句潜台词为基础来展开论述。科学也许存在这样一条元原理，即大自然的巧合总是值得去探索，因为它们可能是从结构的类比中冒出来的，并指向一些深层次的关系。巧合——它们总是那样形迹可疑——只要加以研究，就可能提供出真知灼见。上述两条原理的早期提出者并不完全清楚最短时间和最小作用量是不是一种由不苟言笑地发着号施着令的大自然所强行规定的道德义务。它们当然是物理学原理，并且全都，就如同我要论证的，源自各种政体中道德约束最小的一种，即无规则。

* * *

让我们再次把话题集中到镜子上。只需要通过一个相当一目了然的几何学问题就能证明，假定两段光路都是直线，则光从光源经平面镜到达眼睛的最短距离，必定是一条入射角等于反射角的路线。同时这条路线也是光，如它一贯的那样，以恒定速率前进时，费时最少的路线。因此根据最短时间原理，光从镜子反射时所走的路径理当如此，即反射角等于入射角。

现在来看斯涅尔和他的折射定律。光通过玻璃或水（或其他任何高密度的透明介质）时走得比通过真空或空气时慢。它在真空中的速度与它在介质中的速度之比称为介质的"折射率"。对水来说，折射率大约是1.3，因此光在水中比在真空中（或空气中，就我们此处的目的而言大同小异）走得大约慢30%。你在深水中涉水前进所能达到的速度可能是你在空气中步行能够达到的大约十分之一，因此如果你要给水对你运动的折射率下一个定义，这个折射率大约会接近于10。

现在考虑当光从一个位于空气中的光源出发，需要到达一个位于水下的目的地时，对应最短飞行时间的路径是什么。一个类似的问题是，你怎样才能以最快的速度救到湖中快要溺水的人。仅仅是为了让场景保持简单，让我们还是用步行和涉水来思考。你可以选择走从你的躺椅到遇难者之间的直线路径，这会需要一定的步行，然后涉水。另一种方案是，你可以立刻横插到遇难者对面，然后从水边选择最短的涉水路线，从而把涉水时间缩到最短。问题是，你又把花在步行上的时间变长了，因为你在岸上走的路径比之前长了，短暂的涉水阶段并不能完全弥补步行增加的时间。正如你可能怀疑到的，存在一条总时间最小的中间路径：以一个角度步行插到岸边，然后以一个角度涉水穿过湖面抵达遇难者身边。当你下水开始涉水前进的时候，你需要转过的那个角度的精确值，取决于你在两种介质中的相对速度，也就是取决于它们的折射率。事实上，正如一个小小的几何推理就能说明的，当你从岸上跑到河边，然后涉水穿过湖面时所需选取的角度，和光经过一种介质进入另一种介质时所取的角度，都可以由斯涅尔折射定律给出。[15]从斯涅尔定律出发，随之就会派生出棱镜和透镜的全部属性，因为它们的工作原理就依赖于折射，再然后就是整个以"几何"光学之名而为人所知的领域。之所以叫几何光学，是因为它把光线所走的路径当成一系列彼此成相应角度的直线来处理：整个路径是以几何方式构造起来的。

在这一阶段的论证中，我已经告诉了你两条小定律，反射定律和折射定律，并展示了它们都是一条更深层定律的表现形式，即光取从光源到目的地间需时最少的路径。但为什么光会这样运行呢，这条几何光学基础定律的起源是什么，以及光线怎么会，貌似提前地，知道对应着最短行进时间的那条路径是什么？假设它出发的时候走的是一个后来被证明是错误的方向，那么它是会转回来、重新开始（这甚至会增加更多时间），还是会继续一条道跑到黑，希望尽可能争取最好的结果？它表观上的先见之明根源于什么？

* * *

最短时间原理的根源是无规则。要说清这是怎么回事，我们得先知道下述事实，即光是"电磁辐射"，一种由振荡的电场和磁场产生的波，它以并不令人惊奇的被称为"光速"的速度行进。为了避免这种明显的同义反复，我觉得这个速度应该被称为像"麦克斯韦速度"之类的，以纪念詹姆斯·克拉克·麦克斯韦（James Clerk Maxwell，1831—1879），一位过于短命，却在科学上永垂不朽的19世纪苏格兰物理学家，正是他第一个发现光的电磁性质。

为了直观地理解光，请把波想成是一连串在空间中飞驰的波峰和波谷，每个峰都在以光速前进。相邻波峰间的距离就是光的"波长"。波峰的高度和波谷的深度指征着每一点的电场强度，并因此指征着光的亮度：波峰表示场的方向垂直于运动方向向上，波谷表示场改变了方向，指向下方。如果你能举起一根手指感知光束的通过，那么当光经过你的时候，你会感觉到一系列方向迅速变化着的电场脉冲。脉冲改变方向的频率对应着光的颜色：如果脉冲变化得相对较慢（但实际仍然非常迅速），光会是红色的；如果脉冲变化得更迅速些，光就会是黄的、蓝的，甚至是紫的。白光是由从红到紫所有颜色的光束混合而成。红外线（在红色以下）和紫外线（在紫色以上）指的就是它们本身的意思。让脉冲交替变换的速度慢下来，你会得到无线电波；快起来，你会获得X光。这种联系最后的一个要点是，因为所有颜色的光都严格地以相同速度前进，所以如果波峰间的间隔（波长）短，那么脉冲方向的改变就会更迅速（光的频率就会更高）。因此，蓝光的波长比红光短，而X射线的波长还要更短。可见光的波长约为千分之一毫米的二分之一，这个长度，不管那些认为它"小得难以想象"的悲观主义者们怎么说，也许是想象差不多够得着的。

脑子里有了上面这套说明书和无规则以后，考虑一列从某个光源出发，沿一条完全任意的路径抵达某一目的地（比如你的眼睛）的单色波，它也许会迂回蜿蜒、徜徉徘徊，最终正好射入你的眼睛。这列波是由一系列波峰和波谷沿着这条扑朔迷离的路径排成的一个序列，它进入你眼睛的地方，让我们假设，碰巧是一个波峰。现在考虑一条路径，与上述第一条路径严密匹配，但不尽然相同，它的迂回方式略有改变，从而更晚映入你眼帘。与之前一样，这列波由相同的一系列波峰和波谷组成，但是在到达你眼睛的时候，它可能不是结束在波峰上，而是结束在波谷或者接近波谷的位置上。这个波谷抵消了由第一条路径提供的波峰（它们表征的电场方向相反，相互抵消）。这种抵消可能不是很完美，但是你可以想象有大量的路径与第一条路径相邻，每条路径的长度都略有不同。整体来说，这一大堆邻近路径的波峰和波谷会在你眼中相互抵消。换句话说，即便允许这些路径存在，你也不会看见经它们而行进的光。无规则自生自灭了。

现在考虑光源和你眼睛之间的直线路径。与之前一样，沿这条路径前进的波到达你眼睛时以一个波峰作为结束。现在考虑沿邻近路径行进的光，这些路径与直线路径几乎一样，但又不尽然相同。它将结束在一个接近波峰的地方，因为它行进的距离与沿直线路径行进几乎是一样的。特别是，因为路径如此相似，它不会结束在波谷上，从而抵消第一条路径的波峰。还有很多别的非常接近于直线的路径，它们全都结束在近乎波峰的地方。它们一起共存——而不会彼此相消。换句话说，你会看见经这些几乎是直线的路径行进的光。无规则留了个空子。

这看起来可能有点儿像是我在操纵论证，要求你无条件相信，蜿蜒的路径会有破坏性的邻近路径，直线路径就没有。的确是这样，但我是以坚实的数学真理为基础来做出这种区别对待的。我知道这听起来有点儿像是在说"相信我，我是个医生"①，但这是传统的"物理光学"（或"波动光学"，即承认光的波动性，而不是把它所取的路径直接当作几何直线来处理的光学版本）的标准结果。注释中概述了相关论证的基本要义。[16]

你现在应该能够领会这场讨论指向哪里了。没有人强行规定用哪条定律来掌管光的传播（光可以取从光源到目的地之间的任何路径），但这种放任自流的运行方式的结果却导致

---

① 一档英国流行的健康类电视节目的名称。

了一条定律（即"光沿飞行时间最短的路径前进"）。光事先并不知道什么样的路径会被证明需要的飞行时间最短，它并没有先见之明。它同时尝试每条路径，最终只有用时最少的路径避开了邻近路径的破坏得以幸存。从无规则中，定律突现出来了。

到目前为止，我只讨论了光在均匀介质，例如真空或（与之非常接近的）空气中前进的问题。那么斯涅尔定律是如何突现出来的？以及，照相机和显微镜中透镜的整套光学原理是如何突现出来的？在这些设备中，光会通过一系列不同形状的透明介质，从而以各种方式发生弯折。在这些案例中，就需要把介质的折射率，以及折射率对一连串波峰和波谷的影响考虑进来了。光在高密度的介质中走得更慢，因此虽然电场方向仍以相同的速率交替变换（光在进入水或者玻璃的时候并不会改变颜色），但波的波峰与波谷变得更近了——波长变短了。波峰、波谷间距离的改变会导致拥有非破坏性邻近路径的路径变成另一条。幸存下来的路径不再是光源与目的地间的直线路径，而是在一种介质中是直线，在第二种介质中折向另一条直线。继续分析下去，结果会是，幸存的路径，也就是相邻路径不会把它抹杀的那条路径，恰恰就是由斯涅尔定律给出的、对应着最短通行时间的那一条。无规则是全部光学的基础。

我还得插一句重要提示。辐射的波长越短（频率越高），邻近路径的抹杀作用越有效。当波长非常短时，即便路径间只是存在一些非常细微的偏差，也会造成波峰和波谷相对位置的巨大不同，从而使抵消变成完全性的。当波长很长时，我提出的论证就不那么严格了，这时路径间即使偏差很大，也不必然导致它们相互抵消。我提到过的"几何光学"把光当成波长短到连路径间的无穷小差异都能造成抹杀效果，从而使光可以被看成是沿一系列几何直线前进的。在实践中，光有一个可测量的波长，几何光学也只是一种不完美的近似。由此造成的结果导致光路相对于直线的一些微小偏离有可能被观测到，从而构成透镜的像差和各种其他光学现象。无线电波的波长是数米级的，甚至更长，因此对于它们来说几何光学是一种糟糕的近似，这也导致即使是较大的物体也无法阻挡它们的路径。无线电收音机不管在什么犄角旮旯都能收音。

声波虽然不是电磁波（它是一种波动状传播的压力差），但是也遵循与光同样的传播规则。然而声波的典型波长是数米级的（钢琴上中央 C 音的波长是 1.3 米），因此"几何声学"在一个充满人类尺寸物体的世界里是一个很糟的近似。这也是为什么我们不管在什么犄角旮旯都能听到声音的原因。

＊　＊　＊

你可能会，十分理直气壮地，反对说，我选择用来说明无规则的自我约束作用的"定律"有点儿太不起眼儿了——一条小儿科的外在定律。然而，随着本章的推进，你将会看到，与上述批评正相反，这条定律的内涵丰富得令人叹为观止，这场有关光如何传播的讨论，意义比眼睛所能看到的还要大得多。就是这同一个无规则，在使用无拘无束把光线给禁锢起来以后，也同样禁锢了物质，从而使它可以解释量子力学，甚至通过扩展也可以解释经典力学。

为了建立这种联系，我需要一个至关重要的概念，那就是，**粒子是波动状的**。说到这儿，我得带你深入到又一场科学的伟大革命的中心，这场革命用某种在很多方面最终被证明更简单的东西取代了常识，尽管这种东西第一眼看上去骇人听闻、不可思议。正如我在第一章说到的，经典物理学在思想里有条不紊地把粒子归为一类，把波归为另一类。它们各自的特征泾渭分明。粒子是占据一定空间位置的点状实体，而波是在空间中或许会无止境传播的不停起伏的实体。还有什么能分得比这更清楚？还有谁会分辨不出这两样东西的彼此？

大自然就能。首先，科学家们蓦然注意到，针对当时已知的最轻粒子——电子——的某些实验表明，它表现得就像一种波。我已经提到过我关于J. J.汤姆森与他的儿子乔治在早餐时彼此横眉冷对的想象了。J. J.无可辩驳地展示了，他在1897年发现的电子是一种粒子，其质量和电荷都可以被很好地确定。而他的儿子G. P.在1927年令人同等信服地证明电子是一种波。大约在同样的时间，克林顿·戴维森（Clinton Davisson，1881—1958）和雷斯特·革末（Lester Germer，1896—1951）也得到了相同的结论，他们向人们展示：电子经历了波状的光所特有的"衍射"，其衍射图样与后者完全一模一样。[17]

还有其他让人惴惴不安的谜题。每个人都知道光是一种波（当然，我在本章中使用过这个概念），几十年来无数的实验都证实了这一点。然后紧跟着就出了两件麻烦事。第一件麻烦事来自做专利员的德国-瑞士-奥地利裔美国人阿尔伯特·爱因斯坦，他在1905年向人们展示，如果光束实际上是粒子流，那么某种金属被紫外线照射时放出电子的效应（我指的是"光电效应"）就可以轻松得到解释了。（这个解释为爱因斯坦赢得了1921年的诺贝尔奖；相对论，虽然在思想上内涵更丰富，影响也更深远，但在当时遭受的质疑也更大。）这种粒子后来以"光子"之名为人所知。另一件麻烦事来自美国物理学家亚瑟·康普顿（Arthur Compton，1892—1962），他在1922年展示，为了解释光从电子上反弹的方式，必须把光当成是像小子弹一样发生作用的光子流来处理。（他也获得了诺贝尔奖，在1927年。）物理学陷入了两难：已知是粒子的东西表现得像波，而已知是波的东西表现得像粒子。到底发生了什么？

从对电子和光子的这种双重特性的认识，以及稍后对所有物质和辐射的双重特性的认识中，突现出了"波粒二象性"概念，这个概念说的是，实体根据所进行的观察类型不同，既能表现出粒子的特性，也能表现出波的特性。波粒二象性认识是量子力学的基石之一，后者主要是1925—1927年间从三个人手里（更具体地说是脑子里）突现出来的，他们是在海岛上独守孤灯的沃纳·海森堡、在高山上红袖添香的埃尔温·薛定谔，以及沉浸在自己世界里的保罗·狄拉克（Paul Dirac，1902—1984）。量子力学和它花样繁多的扩展理论，如量子电动力学，已经提供了拥有非凡精确度的数值预测，这些预测貌似已经被翻来覆去地测试到了小数点后不知多少位，还没有发现任何差异或偏离。换句话说，量子力学，作为以波粒二象性认识为基础的理论体系，有可能是对的。

在建立了这些事先的知识储备，并对物质和辐射的波粒二象性有所认识以后，现在是时候来看看这个概念是怎样打开大门，让我们有可能去理解支配粒子运动的定律如何起源了。假设粒子运行的模式与波一样，你已经知道都存在哪些规则了：就是没有规则。波在波源与目的地之间无拘无束地穿行，通过所有可能的路径。然而，除了一条路径——那条费时最少的路径（对此我还得做一个补充说明，而且很快就会做）——以外，其他具有破坏性的邻近路径都会被抹杀。只有那条特殊的路径，它的邻近路径不会破坏它，而这也就是我们结论中认为粒子会走的那条路径。

因此，让我们把表现得像波一样当成是粒子（而不仅仅是电子）的一个固有特性。那么在无规则下，粒子通过均匀

介质时会直线前进，正如光一样，并且我已经描述过的论证
对它也适用。那就是，粒子穿越空无一物的空间时随便什么
路径都可以走，但是由于它的波状特性，唯一具有非破坏性
邻近路径的路径将是粒子源与目的地之间的直线路径。

* * *

直线运动并不是粒子的唯一特征，如果这就是全部，那
么世界将是一个沉闷的、过于可预测的地方。那么更复杂些
的运动，比如弯曲的轨道和路径，也由无规则控制吗？是的，
通过把注意力放到作用量上来控制。

说到这儿我遇上了点儿困难，因为"作用量"是一个隐约
反映着同名日常概念的技术术语[①]：我已经怂恿过你把作用量想
成是付出的努力、消耗的力气、物理上的一股劲儿了。当然，
物理学中有一个深埋在经典力学方程里的、更正式的定义，但
是要在这里把它全部介绍清楚，那将是一件过于繁冗的技术工
作。[18]因此，我将继续用指代性的"劲儿"来表示作用量。

当一个经典粒子沿它的轨迹运动时，会牵涉到一定量的
"劲儿"。按照莫佩尔蒂的最小作用量原理，一个粒子实际所
取的路径是对应着最小的"劲儿"的那一条，正如我们自己

---

① 作用量的英文为action，在日常语言中一般被翻译为"行动"。

也许会寻求采用的。这就使得从牛顿的经典力学出发，需要按照他的原始公式、根据作用在每一点上的力来计算的粒子路径，也可以通过求解所牵涉的作用量最少的轨迹来计算。

问题立刻来了：粒子是如何事先知道作用量最小的路径的？它可能会沿着一条极富诱惑力的路径出发，但却在随后撞上如山的阻力，从而不得不认真地加把劲儿爬上去。到那时，再想掉头回去沿一条更容易、不需要加那么多劲儿的路线重新开始，可就太晚了。

完全一模一样的问题曾出现在关于光线传播的讨论中，而一模一样的解也触手可及。在之前的状况下，最终解决方案是光的波动性配合上无规则。而在这回的粒子案例中，最终解决方案是物质的波动性配合上无规则。对于光而言，光所通过的介质减慢了它的运动，从而改变了其到达目的地时的相位（无论这个相位是波峰、波谷，还是二者之间）；而在粒子的案例中，沿运动轨迹的作用量（即与路径相关的那股劲儿）代替了介质的折射率，对波穿过不同势能区域的行程产生影响，从而控制物质波到达目的地时的相位。这些特征是由伟大的、富有想象力的科学探险家和阐释者理查德·费曼（Richard Feynman，1918—1988）探明的，他发现他可以用这些特征推导出量子力学。[19]

当把所研究的粒子当成波来处理，并考虑了以放弃控制来实行统治的无规则以后，关于最小作用量原理起源的论证如下。波沿波源与目的地之间所有可能的路径前进，每条路径都以一个特定的相位结束，该相位取决于前进路径所牵涉的作用量。[20]一般而言，所有路径都结束在一个差别显著的相位的相邻路径——有些在波峰上，有些在波谷上——从而给原始路径带来死亡。只有与最小作用量相对应的路径才有不会把它消除掉的良性相邻路径。对于这个龙争虎斗的隐秘世界，我们这些旁观者一点儿都没看见：我们只注意到，唯一幸存下来的路径是作用量最小的路径。

如果作用量非常大，比如对比较重的粒子，像棒球和行星，由邻近路径引起的抵消是严格有效的，从而，就像在几何光学中一样，粒子可以被视为是沿着一条被精确定义过的幸存轨迹前进的。经典力学由此就从粒子的波动性中突现出来了，正如几何光学从物理光学和光的波动性中突现出来一样。当粒子很小的时候，比如电子，作用量微乎其微，邻近路径的抵消作用在很大程度上是无效的，正如声音的传播，这时经典力学就失效了，正如"几何声学"对声音不适用一样。这时，就不得不用一直存在，但在作用量较大的时候隐藏起来的量子力学，来估算粒子的运动了。

* * *

最后，为了圆满结束这个问题的讨论，我得提一提"微分方程"的概念，因为很多自然律，尤其是经典力学和量子力学定律，都被表示为它们的形式。[21]这个主题很重要，因为人们常说，物理学的核心数学特征在微分方程中。一个常见的、熟悉的方程会告诉你一个属性如何由另一个属性决定，就像 $E = mc^2$，这个方程告诉你，能量 E 是如何由质量 m 决定的。一个微分方程会告诉你，一种属性的**变化**（即"微分"中代表差异的项）是如何由多种属性决定的，包括这种属性自身。牛顿第二定律，即**动量变化率正比于作用力**，就是把微分方程翻译成语言的一个例子。

不过，这里还要多加一句重要的话，微分方程表达的是性质的**无穷小**变化。做这种限制的原因（以及好处）是，微分方程中涉及的条件可能是逐点变化的。例如，在牛顿第二定律中，力从一个地点到另一个地点、从一个瞬间到另一个瞬间都会发生变化，要弄清它对粒子轨迹的整体影响，就必须考虑很多个很小——事实上是无限多个无穷小——步骤的累积效应。我们说，一个力的整体影响必须通过"积分"（即把所有小步骤有效地结合起来）才能被弄清，或者等效地说，微分方程必须被"积分求解"。这就是说，如果一个力在空间的一个点上产生一个特定的效应，在邻近一点上产生不同的效应，那么第一点上就有一个推动，第二点上有另一个推动，而力的整个结果是两个推动之和。我希望你现在能琢磨出来了，微分方程的用途就是估算一个粒子（例如）是如何摸索着找到通往目的地的道路，从而划出一条轨迹的。

至关重要、无所不在的物理学微分方程是由无规则生出来的。如你所见，无规则导致了光学中的最短时间原理和力学中的最小作用量原理，但这些"最小"指的是整个路径，而不是路径上的某个无限小片段。然而，一个显著的数学结果显示：**根据恰当的微分方程摸索向前，你会发现自己正沿着全局时间或作用量最小的路径移动。** 微分方程所做的就是为你下达在每个点、每个时刻做什么的指令，向左转还是向右转，加速还是不加速，诸如此类，以确保当你到达目的地时走过的是时间最短或作用量最小的路径。[22] 这样，一个全局性判据就被分解成了一系列局域性指令。因此，尽管微分方程被广泛认为是物理学的核心特征，但可以论证（我愿意认为这就是事实），至少在经典力学和量子力学中它们是次级结构，基于无规则的粒子运行的全局性特征才是事实上的核心特征，微分方程则仅仅展示了粒子在局部的具体运行中会如何表现，就像一种针对特定轨迹的搭车指南。

* * *

无规则把我们带到哪儿了？我们让光无拘无束地去找寻自己的命运，没有施加一条规则，结果却发现它心甘情愿地服从一条规则，即沿时间最短的路径前进。我们接受了粒子的波粒二象性，尤其是它们波动性特征的实验证据，并在让它们随心所欲、不施加一条规则的情况下，发现它们心甘情愿地服从一条规则，即沿作用量最小的路径运动。正如几何光学随着光的波长减小而从物理光学中突现出来一样，随着运动中的物体不再是微小的，而是变成了我们熟悉的日常尺寸，经典力学也从波动力学（量子力学的旧称）中突现出来了。我们还看到，在经典力学和量子力学中具有核心重要性、核心基础性且无所不在的微分方程，只是一套局域性指令，以供人们找到满足对光而言时间最短、对粒子而言作用量最小这一全局判据的路径，并沿这条路径摸索前进。无规则把我们带进了物理学中。

四、炙手可热[①]：关于温度的定律

　　如果我被放逐到一座荒岛上，只有一棵棕榈树为伴，还有水，到处都是水，那么有一个概念是我希望能伴我左右的。这个概念具有尤为丰富的结果，它对物质的本性以及其所经历的转化给出了深刻的洞见，并阐明了科学中最难以捉摸，在日常生活中又最常见的现象之一，这就是温度。我很快就会向你介绍这个友好的概念。

　　温度对物质的属性和支配物质的定律所起的重要作用为它在本篇中赢得了一席之地。本章也是对"热力学"——这部关于能量转换极为重要的法典——的一个初步介绍，这是一门研究诸如热与功的关系，以及从根本上说为什么会有那么一些事发生的学问。

　　温度成为一种描述物质属性的物理量的道路有两条：一

_____

①　原题 the heat of the moment 有一时冲动、头脑一热或激动人心、紧张刺激的瞬间之意。

条是从可观测现象的世界，我们称之为"现象学层面"；另一条是从原子和分子的隐秘世界，我们称之为"微观层面"，或者，由于这个世界坐落在超越传统显微镜之所及的地方，我们也称之为"分子层面"。我们都熟悉一般意义上的温度以及关于它的不同尺度上的报告，知道它在我们生理健康中的重要性。我们知道有热的物体和冷的物体，我们知道要引起工业生产和家庭烹饪所要求的变化必须提高温度。但是温度是什么？它会是与无为相伴的无规则的一个方面吗？

为了解决所有这些问题，我想让你见见我心目中的一位英雄，一位在科学家群体中有口皆碑，但在一般公众中却鲜为人知的科学家。他就是维也纳的理论物理学家路德维希·玻尔兹曼（Ludwig Boltzmann，1844—1906），虽然近视，但他对物质比他同时代的大多数人都看得更远，后来由于人们不接受他的主张，导致他积郁成疾，最终自缢身亡。玻尔兹曼的想法缔造了微观层面和现象学层面之间的联系，澄清了温度的概念，并确立了一条从组成物质的原子的运行方式出发，来理解物质宏观属性的道路。他的想法解释了日常世界中的物质为什么存续，为什么物质受热后就会从原有的结构中被释放出来，进入化学变化的世界。由此，温度成为了那些被放逐到理智荒岛上的人们的一位很好的**概念**伙伴，只不过如果是作为一座实际孤岛上的**实际**伙伴的话，它也许就不怎么宜人了。

* * *

我完全不知道玻尔兹曼是否是以我正打算描述的方式思考的，事实上我确信他不大可能是，但我们可以用一幅图景来捕捉他思维进路的本质。

想象一下，你躺在一个有多层搁板的书柜前，周围堆满了你的书（在本讨论中，这些书都是无差别的）。你躺在那儿，也许蒙着眼睛，懒洋洋地把书往搁板上扔。然后你取下眼罩，注意到图书在搁板间的分布情况。一些书在高层的搁板上，另一些在中间的搁板上，还有一些在底层的搁板上。没有特定模式。你把搁板清空，回到原来的位置，再扔一遍。睁开眼睛，你会看到另一种看似随机的模式。所有书都放在高层搁板上或全都放在某一特定搁板上的情况是非常不可能发生的。

你把这个过程重复几百万次——当然，这种情境只是个幻想——注意每次结束后的分布。书的某些分布方式（例如，全都聚集到一层搁板上）几乎从不出现，而另一些却出现得十分频繁。然而，你会饶有兴趣地注意到，有一个一次又一次反复出现的、占据绝对优势的最可能分布。在这种分布中，大多数图书聚集在最低的搁板上，比它高一点儿的搁板上书略少一些，再高一点儿的书又少一些，以此类推，直到最高层的搁板上，可能根本没有书。搁板上图书的这种最可能分布就是"玻尔兹曼分布"，这是本章的核心概念，也是我在理智荒岛上最喜欢的概念伙伴。

实际的玻尔兹曼分布并不适用于描述搁板上的图书分布，而是用来描述分子和原子的。众所周知，量子力学的一个推论是，任何物体所能拥有的能量都被限制在一些离散值上。分子不能以任意能量振动或旋转：它只能一步步地（一"量子"一"量子"地）接受能量。甚至你骑自行车时也是一跳一跳地加速的，只是这些跳动很小，小到从所有实际应用层面来看，你的加速都可以看成是平滑的。然而这些跳动对原子和分子来说就远非可以忽略不计了。这些"能级"，即被允许的能量值，就是类比中书柜的搁板。类比中的图书是原子和分子。你漫不经心的抛掷则是将原子和分子从一个能级送到另一个能级的随机碰撞。这些随机的抛掷在搁板上留下的结果就是分子所能到达的各能级上的分子数量。你几乎不可能在同一能级上发现所有分子。分子在其所能到达的能级上的这种随机散布，导致分子的最可能分布便是"玻尔兹曼分布"，即大多数分子处于它们能级最低的状态，仅次于最低的能级上分子略少些，再下一个能级上又少些，而在更高能级上的分子则非常少，也许根本没有。

现在，我不得不承认，玻尔兹曼分布并不是由随机的无规则过程单独导致的，无为也牵扯其中。分子的总能量是固定的（如我在第二章论证的，这是无为的一个推论，也是它的内涵，即能量守恒）。因此，并不是所有分子最后都能落到某一单独的高能级上，因为如果那样的话，所需的总能量就会超过可使用的能量。一般来说，它们也不能都落在最低能级上，因为那样的话它们的总能量就会与可使用的能量不匹配。（"一般来说"一直是一个闪烁其词的短语，不过使用它意在暗示，可能存在一些特殊情况，允许一般规则以外的例外：几段之后我会再回来讲这个问题，现在姑妄听之。）玻尔兹曼在推导他的分布时考虑了这条约束，我所描述的随着能级能量的提高，上面的分子依次减少的分布，就是其实际结果。简言之，玻尔兹曼分布是无规则配合无为共同作用的结果：各能级上的分子数量近乎是随机的，它们的运行方式则是无规则的，只遵从由无为所导致的能量守恒。

这正是我需要引入另一幅概念图解的地方，这次是玻尔兹曼为他的分布给出的实际表达形式。结果显示，能级上的分子数量随能级能量的增加而逐级减少的规律可以用一个非常简单的数学表达式来描述。[23]而且，这个表达式取决于某一单一参数的值。当该参数的取值很小时，随着能量上升，能级上的分子数量跌得非常快，只有底部的少数几个能级有分子入驻（但是在考虑能量较高的能级时，仍然要认为它们遵循典型的下跌规律）。当参数取一个较高的值时，分子的分布范围就会扩展到较高能级——虽然绝大多数分子还是会出现在最低能级，其次是略高一些的能级，以此类推，但是现在会有分子以非常高的能量出现了。从适用于任何一种物质和任何一种运动的意义上说，这里所说的表达式和参数是"普遍性的"。也就是说，对于一个给定的参数值，在一个能量已经确定了的能级上，分子将会有相同的相对数量，无论能量来源于分子的振动还是转动，或是固体中的原子振动，也无论所牵涉的具体物质是铅还是锂，是粉笔还是奶酪，或其他任何物质。

这个控制能级上分子数量的普遍性参数就是"温度"。我希望你现在已经窥到了几分它的本性。低温描述的是一种只有低能级被占据，且随着能级能量的一级级提高，能级上的分子数一层层减少的玻尔兹曼分布。高温描述的是一种分子的分布散播到高能级，且温度越高，分子达到的能级就越高的玻尔兹曼分布。

在结束这个话题之前，我得给前几段的那个"一般来说"画个句号。假设那个参数——温度——的值被设定为零。在这种情况下，按照这一温度值下玻尔兹曼分布的形式，所有分子都将处于最低能级；其他任何能级上都完全没有分子。所有书都在底层搁板上。这是温度的"绝对零度"，温度在物理意义上已没有更进一步降低的可能，因为分子怎样才能占据一个甚至比最低能级还要低的能级呢？当然，这种特殊分布仍要遵从能量守恒，因此只有当所有能量都被从样本中吸出来，总能量切实地达到零时，这种分布才有可能被达到。（"切实"是另一个非常有用的模棱两可之词，不过我就不在这儿咬文嚼字了。我之所以在这儿提一下，只是作为一个食古不化的书呆子，让其他书呆子知道，我知道他们在，或应该在，想什么。[24]）

* * *

好，至少就现在来说，关于温度的分子诠释，以及玻尔兹曼分布的意义的理解就只讲这么多。早在玻尔兹曼自缢前很久，温度测量的方法就已经被完善地建立起来了，但温度的概念仍然是含糊不清的，人们熟悉的日常温标（尤其是华氏和摄氏温标）在很长时间内都是以一种务实的方式来建立的，每位发明家都毫不迟疑地选择了可再现和便于携带的"固定点"来设置温标。其中，丹尼尔·华伦海特（Daniel Fahrenheit，1686—1736）把他温标的零点设定在当时可以轻松达到的最低可到达温度（远高于我刚才讨论的绝对零度），具体而言是普通盐-水混合物的冰点，并取他的腋窝的温度，或者至少是无处不在的众多腋窝的平均温度，为96度（非常令人费解地不是100度）。这两个模糊的固定点之间的96个刻度结果使纯水的冰点落在了他温标上的32度，水的沸点则落在了212度，远高于他腋窝的温度。安德斯·摄尔修斯（Anders Celsius，1701—1744）在选取固定点时则明智得多地把注意力集中在水本身的性质上，他把100度设在水的冰点上，把0度设在水的沸点上。后来他把他的温标倒了过来（我会在第九章探究这里包含的智慧），以便让更热的东西比更冷的东西温度更高。还有个不那么重要但比较有意思的地方，如果按照华氏温标和摄氏温标的定义，它们都是"百分度"温标，因为在它们的固定点之间，都有大约100个等级、刻度；但是现代社会看见的是32和212，而不是华伦海特最初选作其温标基准点的0（他的盐－水混合物）和96（他的腋窝），因此只把摄氏温标当成百分度的同义词。①

为了把温标的话题表述完整，再补充一点，敏锐地把0点设在绝对零度的温标被称为"热力学温标"，或更通俗的，"绝对温度"。如果这种温标采取与摄氏温标同样大小的刻度，那么它就是广为人知的"开尔文温标"，这个名字是为了纪念拉格斯的开尔文男爵，威廉·汤姆森（William Thomson，1824—1907），他是热力学的先驱之一。[25] 如果采取与华氏温标同样大小的刻度，那么这种热力学温标就被称为"兰金温标"，以苏格兰工程师约翰·兰金（John Rankine，1820—1872）的名字命名，他是一位现在已鲜为人知，但当时曾名噪一时的蒸汽机理论家和滑稽小调作者。就我所知，

① 英语中习惯将摄氏温标（Celsius scale）和百分度温标（centigrade scales）两个词混用，中文通常将两个词都译作"摄氏温标"。

已经很少再有人使用兰金温标了：也许在美国，工程师们还在这样做，在那里的日常生活中，华伦海特仍倔强地拒绝向摄尔修斯俯首称臣。为完整起见，顺便说一句，绝对零度位于 $-273.15\,^{\circ}\mathrm{C}$ 或 $-459.67\,^{\circ}\mathrm{F}$。

　　说完以上关于实用问题的闲话，我现在需要探讨的问题是温度作为一种可观测属性，在人们尚未接受分子的实在性，且没有预见到它们的能级是离散的之前，它的概念及其意义是如何被写入科学——具体而言也就是热力学——中的。也就是说，在玻尔兹曼之前，温度是什么？

　　温度正式进入热力学其实是一个后见之明。你需要知道，热力学的一个特点是，它的每条定律在典型的情况下（这里又是那种含糊其词的说法）都会引入一项与能量有关的新属性。其中，热力学第一定律引入的属性也就是我们所知道的能量本身；热力学第二定律（第五章会介绍它）引入了以"熵"的名字为我们所知的属性。这两条定律都以各种方式用到了温度的概念，而热力学的缔造者们慢慢省悟到，尽管他们为第一和第二定律制定了严格的陈述，并因而获得了能量和熵的严格定义，但却并没有一条定律去定义温度本身。必须制定一条新的、比第一和第二定律都更基本的定律，一条把温度的定义规范性地表述出来的定律。当时，由于"1"和"2"都用完了，热力学的建立者们只得牙一咬心一横，硬着头皮把他们的新定律——因为它在逻辑上先于第一和第二定律——称为"热力学第零定律"。（我还没听说科学有任何其他分支需要引入一条后见之明的第零定律的，也许牛顿的经典力学中还有一条隐藏定律没有声明过。）简言之，第零定律以一种正式的方式引入了温度，而我需要解释它看似颇有些乏味的内容，以及它是如何发挥作用的。

假设你有三个物体，我称之为 A（一块铁）、B（一桶水）和 T（如果你期待的是 C，请稍等）。一个现在已逐渐清晰的特征是，在热力学家——热力学的实践者们身上，存在着某种颇为奇怪的东西：当他们注意到没有事情发生时，就会欣喜若狂。你可能在第二章关于能量守恒的讨论中注意到了这一点：当他们注意到宇宙的总能量不变时，激动得哈喇子都流出来了（以他们抽象的方式）。这次流哈喇子带来了热力学第一定律——对能量守恒定律的一个细化说明。而现在出现了另一个对他们而言激动人心的场景。假设你让 A 和 T 接触，发现什么也没有发生。现在假设，你再单独让 B 和 T 接触，也什么都没发生。那么第零定律会告诉你，**如果你现在让 A 和 B 彼此接触**（把铁块放进一桶水里），**然后也什么都不会发生。**这是一个普遍的观察结论：无论 A 和 B 的性质如何，如果它们每一个在与 T 接触时都没有事情发生，那么 A 与 B 接触时就不会有事情发生。这个观察结论，对于热力学家而言，几乎无可抗拒地令人欣喜欲狂，让他们沉浸在欢欣鼓舞中。

我希望你现在能看出，物体 T 扮演的是温度计的角色，因此T，在某种意义上，是在测量温度。由此，如果A与T接触时什么都没有发生（例如，T玻璃管里的水银柱继续保持同样的长度），这就意味着A具有水银柱长度所代表的温度。当B与T接触时什么都没有发生，这就意味着B具有T记录的温度，与A一样。从而，A与B就"具有相同的温度"，并且我们可以确信，当它们彼此接触的时候，什么也不会发生。第零定律就是通过这个没有事发生的闭环，引入了温度的概念。

现在我得把由第零定律引入的"温度"概念和由玻尔兹曼分布给出的它的分子诠释联系起来。这个问题的关键点是，如我早先强调的，温度是表征分子在可到达的能级上分布的参数，而且这种参数是普遍的（具体来说，就是与所讨论的物质无关）。物体A（铁）有一组能级，它的原子按照占主导地位的温度的玻尔兹曼分布散布其上。物体B（水）有一组能级，它的分子按同样的玻尔兹曼分布（那个参数，温度，与A相同）散布其上。把A和B放到一起（把铁浸入水中），它们的能级就像你把双手的手指交叉握紧时那样交织在一起。分子的分布保持不变，于是温度也就保持不变，简言之，没有事情发生。

玻尔兹曼分布解释了温度的概念，并且像所有对现象的分子诠释一样，丰富了它。现在你可以开始理解它为什么也能解释日常世界中物质的稳定性以及物质在受热时发生变化的能力了。在正常温度下，粒子在能量上的分布不会散播得太远，大多数分子都处在低能级上，除了在原地缓慢地振动以外，它们能做的事很少。这样一来，物质就会长久地存在下去，不会变质。当温度升高时，越来越多的分子占据高能级，就像对有生命的东西一样，对分子也是这样，能量的升高意味着有好多事就可以做了，尤其是原子可以被解放出来，形成新的化学键——化学反应能够发生了。在厨房里，烹饪就是用烤箱或炉灶把分子推上它们可以到达的更高能级，直到有数量足够多的分子获得足够大的能量去发生反应，这么一个过程。而冰箱则是把分子的能级降到最低，让它们平静下来。我们称之为，给它们保鲜。

化学中有一条关于反应发生速率的定律，这条定律也是从玻尔兹曼分布中冒出来的。瑞典化学家斯万特·阿伦尼乌斯（Svante Arrhenius，1859—1927），他是最早获得他自己帮助设立的诺贝尔奖的几个人之一（在1903年），提出了现在以"阿伦尼乌斯速率定律"之名而为人所知的定律，即化学反应的速率以一种特定的方式随温度上升而增加，这种方式取决于一个被称为"活化能"的单一参量，其在每个反应中都各不相同。[26]普遍来说（也就是说有很多例外），温度每上升10度，化学反应的速率在典型情况下会增加一倍。对这种现象的解释依赖于玻尔兹曼分布，因为活化能不是别的，就是分子进行反应所必需的最小能量，以及随着玻尔兹曼分布延伸到更高能级，有多少分子的能量能随着温度升到这么高。冷却（制冷）则效果相反，随着玻尔兹曼分布下降到更低的能级，有能量进行反应的分子越来越少，反应就会变慢。

阿伦尼乌斯定律在日常生活中导致了很多后果。我们烹调食物，就是通过把温度提高几十度，来把分子能级提高到它们活化能的水平以上，从而加速分解食材的反应。我们给食物保鲜，就要让玻尔兹曼分布收缩，以便把有能量去反应的分子搞得少少的。身体通过发烧来对抗疾病，就是通过提高身体的温度，来打破我们体内化学反应速率的精妙平衡，因为这个平衡维持着我们的生存，也维持着入侵细菌的生存（很显然，这里需要一个精妙的平衡）。萤火虫在温暖的夜晚比在寒冷的夜晚闪得更快。工厂里运用速率定律去引发把原料纺成布料所需的反应。我们被化学反应的大合唱所包围，所有反应都在根据阿伦尼乌斯定律此起彼伏地嗡嗡着，以不断变化的反应速率展现着由温度改变所带来的、建立在无规则基础之上的玻尔兹曼分布的变化。

* * *

你心里可能正在形成这样一个疑问：当把两个温度不一样的物体放到一起相互接触时，会发生什么？现在就让我们离开第零定律的控制范围以及对没有事情发生的弹冠相庆，来移步至无时无刻不在发生着事情的定律所控制的领域吧。但是在还没有以任何正式的意义进入到那个领域之前，其实你从日常经验中已经知道那里会发生什么了：能量会从更热的物体流向更冷的物体（热铁变冷，冷水变热），一定时间后，二者会到达一个介于它们原始温度之间的温度，恢复它们表面看起来什么都不发生的"热平衡"状态。我将从大自然的这一为人所熟知的特性说开去，用它来引入另一条会带来广泛后果的定律，而且不用说，这条定律也是从无规则中冒出来的。

我得向你介绍一下"热量"这个概念。从某种意义上说，这很容易，因为根本就不存在这么件东西。尽管我们在普通的对话中经常这么说，但是一个热的物体里其实并没有装着热量；当它变冷时也并没有失去热量，因为打从一开始它就不含有热量。不管很多人怎么说，而且可能你以前也是这么想的，但热量并不是能量的一种形式。从科学上说，热量不是一件东西，它是一个过程。热量是**因温度不同而被传递的能量**。加热不是增加一个物体含有的热量的过程，它是一个可以被用来增加物体温度的过程（做功——用力搅拌液体——也可以提高物体的温度）。加热，如果不是对厨师，而是对科学家而言，是利用温差将能量传递给物体的过程；他们并不是在传递什么被称作"热量"的东西。热量的确曾经被理解成一种流体，这种流体后来以**热质**之名为人所知（来自拉丁语单词calor，意思是热，它迷人的词源可以追溯到梵语carad，意思是收获——"火热的时间"），热质流具有很多流体特质；但那是在19世纪早期，这种诠释早就被推翻了。所有这些吹毛求疵的说法都在摧毁"热量"这个词日常含义的根基，但推进科学的典型方式正是从日常语言中选取术语，并提炼它的意思。在这个案例中，未经提炼的日常术语"热量"——作为一个名词，这个词看似隐含着它可以作为一份财产被占有的意思（"这个炉子散发出巨大的热量"）——被精酿成一个过程，一个由温差所导致的能量交换过程。咬文嚼字可以是对大脑的一次清理，但也有可能导致它被堵死；在这个案例中，我希望是前者，但澄清词语的含义确实非常重要，这一点在科学上表现得比任何其他地方都要明显，因为在科学上，真理依赖于精确性。第九章，关于数学在表述自然律时所发挥的作用的讨论，会把这种追求表达精确性的态度发挥到极致，并且会展示这种态度是如何为数学在科学中表现出的非凡力量奠定基础的。现在，让我们把心思重新移回到热量的含义上。

首先，我们需要从玻尔兹曼分布的角度来考虑把热量解释为传递中的能量。现在假设A（铁）和B（水）具有不同的温度，A比B更热（也就是说，具有更高的温度）。你知道这在观察上意味着什么：当它们分别与不同的物体T（"不同温度计"）接触时，要想什么都不发生，就得要求两个T中的水银柱长度彼此不同，它们各自的长度应分别与A和B的温度相符。现在深入到表面之下，来看看组成A和B的原子的隐秘世界。由于我们称为"温度"的参量在两个物体中各不相同，A中的原子在它们能级上的玻尔兹曼分布与B中的分子在自己能级上的不同：在炽热的A中，大部分原子所处的能级都要比更冷的B中的分子所处的能级高。

当两个物体相互接触，A与B的所有能级对所有原子而言都成为了可以到达的（如前所述，想想你的手指交叉到一起的样子，每只手就代表一组能级，或者想想两个书柜被合并成一个书柜时的样子）。一旦它们恢复平衡，它们的原子就会在这组单一的能级上出现一个单一的玻尔兹曼分布。为了达成这种分布，一些原子必须从A提供的高能级跌落到更低的能级上，要么是A的低能级，要么是B的低能级，直到各能级上的粒子数与最可能的玻尔兹曼分布相匹配。这个跌落过程最终会导致曾经寒冷的B的各能级上粒子数变多，包括一些最初没几个粒子的较高能级，而代价则是曾经炽热的A的能级上粒子数下降。这样一来，由铁和水组成的联合系统就变成可以用一个单一的温度来描述的了，且这个温度的值介于最初的两个温度值之间。铁变冷了，水变热了。

这里有个稍微有点儿书呆子气的问题（我实在无法抗拒这种问题）。当你把一杯热咖啡放在那里不管，它会冷却到环境温度，而不是冷却到某个中间值。那么在玻尔兹曼看来，这个过程中发生了什么呢？甚至于到目前为止一直作为你假想对象的热铁块，也会简单地变冷，而不对周围环境造成任何可察觉的影响。这里的关键词是**可察觉**。对这一现象的解释在于，环境（桌子、房间、地球、宇宙……）的体量如此之大，以至于为容纳从物体吸收的能量而发生的粒子数量的重新分布，在环境所包含的无数个能级上，几乎是完全可忽略的。换句话说，尽管环境吸收了能量，并且其各能级上的粒子数也发生了一次极细微的重新分布，但这场重新分配很难被察觉到。因此，环境温度对于所有实践性的目的而言都可以看成是不变的。这种情形正像一张巨大的吸墨纸，即便吸上一滴墨水，它也仍然是白色的。

还有一件事我还没有提到，那就是时间，尤其是物体冷却到它周围环境温度所需的时间。这次从温度到时间的焦点转换将引出我下面打算讨论的这条定律及其一系列重要推论。无规则仍将作为这条定律的根源。这条定律就是冷却定律，为了展示它的作用，我得先大致描述一下相关现象的规律性，进而转向描述在原子不顾任何规则各行其是时在背后起作用的无规则。

物体冷却到它周围环境温度的速率可以用**牛顿冷却定律**（通常称为牛顿定律）来概括，这条定律是牛顿在1701年以表面上匿名的形式发表的。这条定律概括了他的，以及自此后无数其他人的，关于冷却现象的观测结果，内容是：**一个热**

物体的温度变化率与该物体和周围环境间的温度差成正比。[27]
一个非常热的物体（与它周围的环境相比）一开始会冷却得非常快，然后随着它的温度下降，温度下降的速率也会降低，并且会在它与周围环境到达相同温度时完全消失。这种现象，即一种属性的值以一个正比于该属性当前值的速率下降（在这个案例中，这种"属性"就是温差），被称为属性的"指数式衰减"。"指数式"这个词在日常话语中被广泛地滥用，常常被拿来用在如"人口的指数式增长"这样的说法中，用来指某种类似于"大得令人震惊或令人担忧"的东西。我将在它精确的含义上使用它，也就是这里所描述的含义（当前变化率正比于当前值）。你应该意识到，一个指数式变化可以是极端缓慢的，比如，当一个物体的温度与它周围的环境几乎相同时，冷却仍然是以指数形式发生的，但幅度却几乎不可察觉。为了避免让大家看起来觉得我是在对冷却问题过于小题大做，我要说，与牛顿定律的指数式冷却具有类似特征的现象，在科学中到处都是，包括在那些与冷却风马牛不相及的主题中，很快我就会站在牛顿逐渐冷却的肩膀上，介绍它们中的另一个。

为了理解牛顿冷却定律，第一项我需要介绍，但到目前为止一直忽略了的分子的重要特性是，玻尔兹曼分布中的分子并不只是在它们如同搁板的能级上躺着不动：它们永不停息地在所有可到达的能级间穿梭。就像一本狄更斯的作品突然跌落到一块更低的搁板上，而一本特罗洛普的作品①则从一块更低的搁板上被推上来，占据它的位置，在总体上，分布仍然保持玻尔兹曼样式，分子就是这样在它们的能级间永不停息地迁移。在原子的隐秘世界中，所有的一切就是运动、迁移与重新适应。也就是说——这是非常重要的一点——玻尔兹曼分布是一只动态的、生命力旺盛的野兽，随着内部变化不停地脉动着。它是一个不停变化着的、流动着的、动态的隐秘世界的最可能分布。外在观测者观测到的平静掩盖了内在的风暴。

第二项我需要介绍的特性是单个分子在能级间跳跃的速率，这个速率是由持续不断的相互碰撞共同导致的。这个速率的变化范围可能很大，有些分子会在一个能级上逗留很久，但随后却在多个能级间匆匆一掠而过。你应该设想，每个分子都在一定的时间内占据着一个给定的能级，这些时间的长度各不相同，但是存在一个分子在继续移动前在某一能级上停留的平均寿命，其长度大约是几分之一秒。最重要的一点是，单个分子的运行方式（尤其是它在给定状态上的寿命）与其他分子如何运动完全无关：每个分子都是一座孤岛。

现在想象，把两个物体（铁 A 和水 B）放到一起。就像我描述的那样，分子发生重新分布，但是现在我们需要把单

① 查尔斯·狄更斯和安东尼·特罗洛普都是19世纪英国著名小说家，也都位列最流行的英语文学作家行列。

个分子以相同、恒定的平均速率迁移这一特征融入到讨论中。在给定时间间隔内向另一能级发生跃迁的分子的平均数既依赖于分子在能级上停留的平均寿命（平均寿命越短，时间间隔结束前发生跳跃的分子就越多），也依赖于摆好姿势准备跳跃的分子数（数字越大，在间隔期间发生跳跃的分子就越多）。因此，一个能级上的分子数量转移到另一个能级上的速率依赖于分子在能级上的平均寿命（越短越快）和处于这一能级的分子数量（数量变化越快，摆好姿势准备跳跃的分子越多）。下面是至关重要的一点。当A比B热得多的时候，有大量处于高能级的分子在排着队等待重新分布，因此重新分布会进行得非常快。而当温度几乎相同时，两个物体中只有很少数目的分子需要经历重新分布，因此重新分布将进行得非常慢。简言之，重新分布的速率正比于分布中的差异性。请记住，分布取决于温度，温度变化率正比于两个物体间的温度差。这种正比例关系隐含的推论就是，冷却是指数式的，而这正是牛顿冷却定律的内容。

至关重要的一点是，如果允许分子在能级间不受约束地跳跃，结果就会得到一条定律：指数式衰减定律。又一次，从无规则中生出了定律。指数式衰减（在某些案例中是指数式上升）在物理学和化学中非常普遍，它们都是从隐藏在现象背后的粒子的无规则运行方式中派生出来的，在这种运行方式中，单个粒子所经历的变化是随机的，与其他单个粒子碰巧在干什么毫无关系。

一个重要的例子是**放射性衰变定律**，该定律指出，放射性同位素的活度随时间以指数方式衰减。[28] 放射性产生于原子核分裂（比如，原子核抛出一个 α 粒子或一个 β 粒子）或原子核经过内部坍缩，生成一个 γ 射线光子的过程（或这些过程的组合），在这些过程中，每个原子核在给定时间内碎裂的概率是恒定的。这些过程都是独立发生的，与相邻原子核碰巧在做什么无关，从而导致了指数式衰减的出现。

比如，一个碳-14 原子核（一个包含六个质子和八个中子而不是通常的六个中子的碳原子核）有一定的概率每秒发射一个 β 粒子——一个快速移动的电子（这个概率已知是二千五百亿分之一，因此你必须等很长时间才能确定一个给定的原子核会射出一个 β 粒子）。这个单一原子核的衰变概率对一个样本中的所有碳-14 原子核都相同，且与外部条件以及隔壁的原子核身上正在发生什么无关。它只由原子核的各个组成部分是如何通过这些组成部分之间的作用力被约束到一起的细节来决定。一旦发射出一个 β 粒子，原子核（在碳-14 的案例中，它会变成拥有七个质子和七个中子的氮-14）就会变成不活跃的，并停止发射射线。然而样本中所有原子核发射 β 粒子的整体速率，会因此随时间下降，因为给定时间段内原子核的衰减数量与可衰减原子核的数量成正比。最初，样本中所有原子核发射 β 粒子的整体速率很高，但随着原子核的消亡，速率也会随之下降，正与牛顿冷却案例中的温差如出一辙，因此放射性衰变速率的衰减同样是指数式的。

放射性衰变定律会带来很多重要的推论。一个积极的结果是，利用这条定律我们能够通过"碳-14测年"估算含有有机成分的人工制品的年龄，在这种测试中，碳-14和碳-12（普通的稳定同位素）的相对丰度会以指数形式随时间变化。不那么人畜无害的则是很多放射性同位素的缓慢衰变，尤其是那些从核电站或核爆炸的核裂变过程中遗留下来的放射性同位素。指数式衰减的一个数学推论是，一种同位素衰减到初始丰度的一半，然后衰减到一半的一半，然后再衰减到一半的一半的一半，以此类推，所消耗的时间全都是一样的。这个时间就是同位素的"半衰期"（就碳-14而言，这个半衰期是在考古学上用起来得心应手的5730年）。尽管一些强放射性同位素的半衰期可能只有几分之一秒，但有些同位素的半衰期却要以数年乃至数千年来度量。我们对于改变这一点无能为力，除了通过另一种核过程改变同位素的成分，把它转变成一种短半衰期同位素。

* * *

这一章涵盖了很大一片领域，和之前一样，做一个大致的总结可能是有帮助的。我论证了，分子在它们可到达的能级（在能量守恒的约束下）上随机分布所导致的具有压倒性地位的最可能结果是玻尔兹曼分布，即由一个普适参数——温度——所单独决定的粒子数量的动态扩散。这种分布的外在表现与你根据温度的普通概念所做出的期望是一样的，并能够帮助解释"为什么物质在正常条件下是稳定的，但随着温度逐渐升高，它就会变得能够向另一种物质转化"。我还指出，如果不对单个、独立分子的运动施加约束，而是允许它们以随机方式自行其是，那么我们最终会得到一类在大自然中广泛存在的现象，即指数式衰减。这一讨论使两大自然律得到了解释，即牛顿冷却定律和放射性衰变定律。

在整个讨论中，无为和无规则不断在各种地方探头缩脑。它们（通过量子力学）解释了能级的存在。而玻尔兹曼分布之所以能够产生，其细节则依赖于建立在无为基础上的能量守恒，以及分子在其能级上的无规则的随机分布。作为各式各样变化的一个代表，温度达到平衡的速率也建立在单个分子运动的个体无规则性上，这些分子在不知不觉间协同生成了，或者也可能只是瞎猫碰上死耗子式地碰出了，一条定律。

五、超越无规则：一切缘何发生

我在第四章提到过，热力学家，研究和应用热力学的家伙们，在没有事情发生时会变得十分兴奋。如果天不遂人愿，还是发生了一些事情，那么他们会很高兴地注意到，事情总是一成不变地向更糟的方向发展。这个事情总是向更糟的方向发展的观测结论，就是**热力学第二定律**，我最喜欢的自然律之一。当然，在科学中，对该定律的这种平民化陈述披上了形式化的外衣，并通过对同一观测结论更精确和更数学化的表达被赋予了力量，但其本质仍然是"事情总是向更糟的方向发展"。在另一段引导性的介绍中，我还提到过，每一条热力学定律都会引入一项与能量以及能量转化的各个方面相关的属性：比如作为一项后见之明，第零定律引入了温度，而第一定律引入了能量。第二定律引入了热力学系统的第三项主要属性——"熵"。我此处的目标是为了表明第二定律仍然是无为和无规则的另一种表现，但是熵这种属性解释了那些可能很精致的结构、事件和观点是如何突现出来的。

事情向更糟的方向发展。我得对这个说法做进一步的说明，并由此展开，向大家展示它是如何使那些精致的事物能够突现出来，并在事实上导致了它们突现出来的。关于向更糟的方向发展这样的说法当然是对热力学第二定律形式化陈述的一种略带调侃的诠释，这条定律的正式说法是：**在一个自发过程中，孤立系统的熵趋于增加**。在这种更加平铺直叙的陈述中，有几个术语我得解释一下，但不要让它们遮蔽了你对定律内容的整体印象，即宇宙一直在不可遏止地每况愈下。

我需要解释的术语有"自发过程"，"熵"当然也是，还有"孤立系统"，希望我的解释不会过于啰嗦。"自发过程"是一种无需外部干预、未经驱使就能够发生的事件；这是一种自然的变化，就像水往低处流或气体向真空中膨胀。自发并不意味着快：一些过程可能是自发的，但需要很长时间，甚至千秋万代，才能看出端倪，如糖浆滴落的过程或冰川运动；另有一些自发过程则有可能一眨眼就结束了，比如气体膨胀到真空中的过程。在这里的语境中，自发性完全是关于趋势的，而不是关于实现这种趋势的速度的。

"熵"这个词来自希腊语"转换方向"，是德国物理学家鲁道夫·克劳修斯（Rudolf Clausius，1822—1888）在1856年首创的，在下面的解说中他还会再次出场。熵是一种可以被精确定义的量度，它衡量的是无序。简单说，无序越严重，熵越大。熵实际的定量化定义是由几个人分别提出的，包括玻尔兹曼，第四章中的英雄。正是他用公式把熵表示成了无序的量度，这个公式——别和他的分布公式搞混了——被刻在他位于维也纳的墓碑上。[29]我们不需要知道这个公式：我在这里处理的是诠释而不是方程。"增加的无序"经常很容易识别，但有时它也会披上微妙的伪装。稍后我会给出例子。

最后，"孤立系统"指的是这个世界中我们可能感兴趣的某个部分（"系统"），但是这个部分与周围环境间的全部相互作用都被切断了。没有能量能够离开或进入一个孤立系统，物质也不能。可以考虑装在一个不透明（防止辐射进出）、硬质（防止能量被用来膨胀做功）、密封（防止物质进出）的保温瓶（防止能量以热的形式进出）中的物质。在应用第二定律时，孤立系统这一概念所起的作用至关重要。如果你想要从大处着眼，那么整个宇宙就是一个孤立系统（或者我们把它当成一个孤立系统）。同时你应该知道，一位热力学家可能会从小处着眼，谦逊地把一个浸在水浴中的密封烧瓶当成他们的整个宇宙。

在我继续对热力学第二定律进行下述解说，并展示形式的丧失何以能够导致形式的生成，热力学第二定律是如何藏身于宇宙演化的庄严行军背后的，以及如何用热力学第二定律解释宇宙中令人厌恶的和精致美好的东西都是怎么突现出

来的之前，我需要你接受，物质和能量有发生无序扩散的自
然趋势。这里有一些深层次问题是我需要后面再回来讨论的，
但目前我希望你把以下事实当成是"明显的"，即如果原子和
分子能够随意漫步——"随意"是指它们没有被引导着向某
个特定的方向运动，也没有被按照某种特定的方式排列——
那么一个结构不断衰变，最终滑向无序的可能性，比它从无
序开始逐渐排列出结构的可能性要大得多。因此，注入容器
一角的气体分子扩散出去、填满容器的可能性，要比均匀填
满容器的气体分子，在不受外部干预的情况下，聚集到容器
一角的可能性大得多。当然，你可以用某种活塞装置把它们
挤压到一个角落，但这就引入了外部干预，是孤立系统所不
允许的。类似地，热铁块中剧烈振动着的原子与它们周围环
境中的其他原子发生碰撞，从而使其所拥有的能量在环境介
质分子的包围下逐渐耗散掉的可能性，比凭借外部分子的随
机碰撞让能量在铁块中积累，从而以周围环境变冷为代价把
铁块变热的可能性高得多。还是刚才说的，你可以设计一套
办法，利用周围环境中的能量来加热铁块，但各种设计都属
于外部干预，在孤立系统中是不允许的。

* * *

自然变化的方向就是让物质和能量向无序的方向耗散，

这种变化除了受制于至高无上的、源自无为的能量守恒定律外，不被任何规则所掣肘。这句话也可以用一种不同的方式来表达：虽然宇宙中能量的**数量**（quantity）保持不变，但它的**品质**（quality）却存在退化的趋势。集中在某个局部的能量，从我们可以用它来做各种各样的事情（想想一升燃料能做多少事）的意义上说，具有很高的品质；一旦它们被释放和耗散掉（例如通过燃烧），那么虽然这些能量仍然会在某个地方继续存在，但现在就远没有那么有用了。气瓶里的高压气体，其分子会以极高的速度在有限的空间里飞来飞去，可以用来代表被集中在局部的高品质能量。如果允许气体逃出去，气体分子携带的能量被耗散掉，能量的品质就会退化。用一句话概括，热力学讲的就是：能量的数量还在，但它的品质退化了。

简单地说熵就是用来衡量能量品质的一种量度，熵越高，意味着能量的品质越低。燃料的熵低，而它的燃烧产物的熵高；压缩气体的熵低，它膨胀后的熵高。这样一来，"数量还在，品质退化"就变成了"能量还在，熵增加"。同样地，"事情向更糟的方向发展"的调侃可以变成更一本正经的"熵趋向于增加"。

当熵在19世纪50年代首次被引入科学界时，人们对它从何而来存在着相当大的困惑。维多利亚时代的人们很享受能量恒久不变的特性，因为（按照他们的看法）只要造物主用他无限的智慧判断出要一劳永逸、恰到好处地满足我们的需要，都必须准备些什么，然后在宇宙中一次性地给足之后就不需要让这些东西从任何地方再冒出来了。然而熵却好像在无中生有地不断跑出来。难道创世还在继续进行吗？是否存在一口尚未被发现的、取之不尽的熵的深井，并且同样以这位无限智慧的造物主认为适宜的速度，把熵不断缓慢地提取出来，让我们察觉到？科学，就像在众多其他例子中一样，通过把熵放到分子层次上去理解，挽救了这种虽然符合文化风俗但却失之于简单化的对现实本性的看法。

* * *

无论何时，只要有变化发生，宇宙的无序度就会增加，它所含的能量的品质就会退化，它的熵就会增加。有趣的是，世界上的各种事件以微妙的方式相互联系，结果导致这种退化并没有表现为全宇宙步调一致地滑向无序、所有结构都遭到消除、所有地方的能量都被耗散、物质土崩瓦解的过程。混沌状态有可能在局部出现削弱，而我们就身在这个削弱的局部之中。第二定律只要求孤立系统（宇宙或宇宙的一个孤立部分，比如那套小小的水浴装置以及浸在其中的烧瓶）在一个自发变化中总熵增加：在无序度整体增加的情况下，局部的小区域里熵是有可能下降并突现出结构的。

让我们在更细节的层面上来看看这意味着什么。考虑一台内燃机，燃料是一种贮存在其中的由高度压缩的能量凝结而成的物质。当燃料燃烧时，它的分子会被打碎（如果是碳氢化合物，它们会转化成大量细小的二氧化碳分子和水分子），然后耗散掉。燃烧释放的能量扩散到周围环境中。内燃机中的活塞和齿轮正是为处理这种耗散和扩散——实际上就是为了捕获它——而设计装配的。这台内燃机有可能被装在一台起重机里，人们用这台起重机来建造教堂，用来把石块抬升到指定位置。于是，当内燃机自己内部发生耗散时，在其他地方突现出了一个结构。从总体上说，宇宙变得更无序了，但是从局部上说——比如在那座教堂里——突现出了一个结构。从总体上说，无序度增加了，而在局部上，无序度削弱了。

随便你往哪儿看，都能发现这种通过向更严重的无序崩溃来获得推动的秩序创生过程。这些过程常常是一环扣一环的，无序度的增长驱使某处的秩序发生崩溃，而通过它的崩溃，又有秩序在别的地方生成。关键问题在于，在这环环相扣的事件中，出现在某个地方的无序会比在其他地方的被破坏掉的多。无序的破坏也就是秩序的生成。

太阳是天空中最大的能量耗散体，通过连续不断的耗散驱动着地球上的各种事件，包括生物演化。太阳通过发生在其内部的核聚变释放出能量，四散到空间中。这些能量中的很小一部分被地球上的绿色植物捕获，用来构建有机结构。

在这种情况中，开始时的无序物质是二氧化碳和水，所生成的高组织化结构是碳水化合物，正是它构成了覆盖在严厉的岩石圈之上的慈爱的生物圈。有机结构——植物、树木——只要你能说得出名字的，都是在太阳的推动下来到这个世界上的，每推动它们一点儿，太阳就会消亡一点儿，太阳系也会变得更无序一点儿，尽管地球上的植被生长得越来越茂盛。

这些植物是动物的食物。食物则是我们和动物们体内燃烧的燃料，这种燃烧为我们提供能量。食物的燃烧比燃料在发动机里的燃烧微妙得多——在我们体内不会产生火焰——但是就复杂分子通过消化被降解为包括二氧化碳和水在内的小分子，并释放出能量这一点而言，二者是类似的。生物体并不是由齿轮和传动装置组成的，但它们（以及我们）体内的代谢过程却可以类比为有机世界中的齿轮，把一开始通过消化获得的有组织的力量传递到一些可以类比为起重机的地方。在那里，氨基酸——一些大自然的小分子砖块——被吊装到我们称为蛋白质的结构上，使这些用小分子建成的结构复杂的教堂拔地而起，生物体就这样生长起来。从总体上说，考虑食物的消化，世界的无序度增加了，但生物体的生物化学过程就像内燃机一样，从这种耗散中获取动力，使得一个结构——也许就是你——得以突现。正如我之前指出的，我们是无序的局部削弱，我们是混沌的孩子。

因新增的无序不断生成而来到这个世界上的不止你我。

整个生态系统都是无序的子孙——由混沌带来的结果。任何生物体都不是孤岛。为了迁就热力学第二定律，大自然采取了一种复杂与奇妙得超乎寻常的方式，即自然选择。生物圈是一个由相互依存的实体构成的非凡的网状结构，一个实体要依靠另一个实体来饲育——我说的就是字面意思，生物们发展出了吞噬能力，以便以耗散为生。燃料，那些被吃者，数量匮乏，且对生存和后续的繁殖至关重要，因为生命是一种结构，而且必须靠增加宇宙的无序度才能维持。只要是活的东西，就无法避免靠吞噬彼此为生，而最终的结果，就是作为生物演化原因的自然选择出现了。

世界上一直有一些人对世界正在向无秩序崩塌心有不甘，而热力学第二定律还认定这种崩塌就是推动变化、导致被称为有机体的组织精巧的结构突现的源泉。他们无法明白正是耗散导致了结构的出现。解决这个困难的办法是我已经强调了好几次的那一点。唯一必要的是**总体上的**无序不断增加。正如一个事件可能与另一个事件联结在一起，在一个局部的小区域中不断增长的无序（燃料的消耗、一头羚羊被吃掉，以及不计其数的各种其他可能性，包括我们称之为"晚餐派对"的生成无秩序的文明化花样）可能会把宇宙中的另一个小区域从无序推向有序。除了把这些小区域联结在一起的机制以外，全部需要的就是无序的增加要超过无序的减少，从而使无序度在总体上有所上升。这种交互作用内嵌在热力学第二定律中的例子数不胜数：通过自然选择而进行的演化不过是其中最激动人心的一种。

* * *

我把绝大部分讨论集中在了生物体上，因为这是热力学第二定律发出璀璨的可能也是出人意料的光芒的地方。还有许多其他关于这则定律的纯无机和纯技术的表现方式。热力学第二定律在技术上的绝大部分应用其实并不是从玻尔兹曼墓碑上的熵公式中而来，而是来自克劳修斯1850年提出的另一种表达式。克劳修斯对熵的分子诠释一无所知，他提出的东西乍一看似乎是一个与熵的变化完全无关的表达式，这个表达式与一个可以用可观测属性（不同于能量和分子的无序耗散）来描述的过程伴随在一起。克劳修斯提出，要计算熵的变化，应该监测有多少热量被传入或传出系统，再用结果除以发生传递时的温度。[30]

克劳修斯并没有把他的计算结果和无序联系起来，但我们可以。能量的热传递利用了相邻分子的随机碰撞，比如炽热的火焰中的分子或在电热器中剧烈震荡的原子。这种碰撞激起被研究系统中分子的无序运动，从而导致熵增。到目前为止一切都没毛病，能量的热传递导致了熵增。但为什么温度那么重要呢？我喜欢用的类比是，就像在一条繁华的大街上或一座安静的图书馆里打喷嚏。繁华的大街类似于一个内部充满热躁动的炽热物体，而安静的图书馆则类似于一个内部原子震荡得不怎么厉害的寒冷物体。喷嚏类似于一份注入的热量。当你在繁华的大街上打喷嚏时，无序度的增加相对较小。而当你在安静的图书馆里打喷嚏时，无序度的增加就很可观了。因此克劳修斯的定义也是如此：把热量传递给一个炽热的物体不会使无序度增加太多，因此熵的变化很小。而当同样数量的热量被施加给一个寒冷的物体，熵的变化会很大。克劳修斯公式中的温度体现了大街和图书馆的区别。

克劳修斯的进路也体现了热力学发展早期由法国工程师萨迪·卡诺（Sadi Carnot，1796—1832）建立的一个非常重要的研究结果，卡诺的这项工作在很大程度上被世俗忽视了好几十年，因为他的结论是如此地荒诞不经，且与当时工程师们的常识看法格格不入。他使用了我们现在认为不正确的概念，例如把热当成"热质"——一种无法称量的（无重量）流体——来处理，当"热质"缓缓流过蒸汽机，就会像水轮机一样产生做功的效果。他论证理想蒸汽机的效率只依赖于把热能输入给系统的热源的温度和用来承接系统排出的能量的冷凝器的温度。[31]他向人们显示，这也许更值得一提，热机的效率与工作物质（典型来说也就是蒸汽）是什么以及压力多大无关。

卡诺得到的结果并不是一条新的自然律，但是它说明了一条定律，在这个案例中——也就是热力学第二定律——是何以能够仅凭短短几句话就将各种各样的情形包罗其中的。论证如下：把一台热机想象成是由一个炽热的能量源、一个可以丢弃能量的冷凝器以及一套置于它们之间的使用能量做功的装置（可以把它想成是某种叶轮机）组成的。现在想象把一些热量从热源里抽出。热源的熵下降，但因为温度很高，如克劳修斯公式暗示的，熵减少得不是很多（热源就像一条繁华的大街）。你提取的能量通过使用某种机械装置被转化为功。在这里，你应该能看出来，并不是所有能量都能转化为功。如果那样的话，装置中的熵就不会有进一步的变化，总体上的熵就会下降。这就意味着热机无法工作，因为要让一个自然变化发生，熵必须增加。

为了让热机工作，必须把你从热源抽取出来的一些能量丢弃到冷凝器中（这个冷凝器可以是大气层，也可以是一条河）。将热能注入冷凝器会增加冷凝器的熵。因为冷凝器的温度很低，所以即便只注入很少量的能量，也会对冷凝器的熵产生一个很大的影响（冷凝器就像一座安静的图书馆）。但是你必须采用这种方式丢掉而不能用来做功的能量到底有多少呢？

当你丢掉的能量是可能的最小量时，热机能做的功最多。这个最小量必须足够让冷凝器的熵增加到刚好抵消从热源抽取能量造成的熵减。因为冷凝器处于低温状态，所以即便只把很少量的热量丢进冷凝器，也能获得很大的熵增。而这份能量的精确数值只依赖于两个源的温度，别无其他。由此造成的结果是，热机效率——它反映着在提取出的能量中有多大比例是必须被丢弃的——只由这两个温度决定，而与热机结构和运行方面的任何其他细节无关。要达到最大效率，你需要一个尽可能热的热源（以便热源的熵减尽可能低）和一个尽可能冷的冷凝器（以便只"浪费"一丁点儿能量就能生成很多熵）。这就是19世纪早期卡诺在他听众们的质疑声中所下的结论。但他是对的。

热力学第二定律有几种不同的、等价的陈述，它们都没有提到熵，但是你现在可以利用熵的概念来理解它们，以及理解上述关于卡诺工作的小讨论。我下面准备提到的两种陈述都很好地阐释了我最喜欢的名人名言之一，这句话的原创者是匈牙利生物化学家阿尔伯特·森特-哲尔吉（Albert Szent-Györgyi，1893—1966），大概的意思是说，所谓成为科学家，就是能见世人所皆见，而思无人之所思。威廉·汤姆森（William Thomson，1824—1907，即拉格斯的开尔文勋爵，他是在1892年获得这个头衔的，头衔的名字来自开尔文河，一条从他在格拉斯哥的实验室附近经过的河），像很多在他之前的人一样，发现除非装有冷凝器，否则蒸汽机不会工作。他思考了这个问题，并将其用作热力学第二定律"开尔文陈述"的基础，进而以这个问题为起点，编织出一张热力学的大网。[32]我们现在知道是为什么了，因为如果没有冷凝器就不会有冷凝器里的熵增，那么这样的一台热机就只能是一堆废铁。鲁道夫·克劳修斯也是一位见而后思的科学家。他注意到（我在这儿开了个脱离时代的脑洞），**要让冰箱工作，必须给它插上电源**。换成更精确的说法，他指出，正如每个人都知道但没有人思考过的，**如果没有外部做功来引发的话，热量不可能从冷的物体流向更热的物体**。他将这一观察结果发展成了我们现在所称的热力学第二定律的"克劳修斯陈述"，并以它为起点编织出他的热力学版本。[33]我们现在知道是为什么了，因为如果热量离开一个冷的物体，该物体的熵就会出现很大程度的下降，而当它进入热物体时，却只会带来一个很小的熵增。从总体上说，出现了熵减，过程是不会自发的。一定要有外部做功来引发这个过程：冰箱必须插电。来自冷物体的能量流必须靠做功来增强，这样当它进入热物体时，才能激发出足够多的熵来抵消冷物体熵的降低。一个需要注意的要点是，同一自然律的两种表面上风马牛不相及的陈述，开尔文陈述和克劳修斯陈述，是如何通过引入最初被认为是一种抽象陈述的熵概念，而合二为一的。对于合并看似风马牛不相及的理论、推动科学进步以及发展洞见来说，抽象是一种威力非凡的工具。

从上述分析中，还可以得到另一项也许会令人惊讶的洞见，又一次对常识的颠覆。可以论证，一台热机中最重要的组成部分是它周围的自然环境，大气层或一条河，而不是它那些设计精良的部件。如你所见，推动变化的是熵增，在一台热机中，这是通过将热能传递到冷凝器中来实现的。如果这种增加不发生，热机就是一堆废铁，因此最关键的部件应该是发生熵增的地方，也就是自然环境。我承认，要实现这种增加必须有一个热量的供给，这些热量要由热源提供，并在驱动完叶轮机或活塞做功之后被倾入冷凝器。但这种供给，从某种意义上说，是次要的，而且事实上对你试图实现的目标起着反作用，因为把热量从热源中抽出来会导致熵出现一个微小的降低，这对驱动热机来说是在帮倒忙。一台热机的效能确实与它周围的环境密不可分，同时也不能缺少热源这个次要但必需的恶魔。

工程师们在追求提高热机以及一系列相关机械设备——如冰箱和热泵——效率的过程中都要用到卡诺的结论。这些技术应用全都依赖于我之前介绍的自然的终极图景，即宇宙在逐步地陷入无序。在这个过程中，除了那些深深植根于宇宙最底层的基于无为的定律——像能量守恒定律——以外，并没有任何原理在引导它。

* * *

本章还有几个零星的遗留下来的小问题，其中有几个我比较在意，需要处理一下。其中一个悬而未决的小问题是，万事万物是否会有一个终点。当对自然变化的热力学理解出现在其创造者们的意识中时，他们无意中窥见了世界末日的前景，以及宇宙"热寂"的景象。这不是简单的气候变化的问题。①整个宇宙的热寂是指当无序与日俱增及至整个宇宙完全陷入无序状态的那个时刻。当宇宙热火朝天地最后垂死挣扎的时刻，据设想，它所有的能量都将退化为混沌的热运动（通俗地说，"废热"），无序进一步增加的机会，进而，自然进一步变化的机会，都将丧失殆尽。我们所有的结构、进程、宏图大业和雄心壮志都会消失得好像从来就没出现过一样，不要指望热力学第二定律会给你重来一次的机会。

　　长期来看，我们的未来可能真的会被证明就是一片这样毫无特色的热寂。但它可能比它的预言者所恐惧的要远得多，因为我们知道，宇宙并不只是一个体积有限的大球；相反，它是一个正在不断扩大，而且我们相信，是在不断加速扩大的气球。随着宇宙膨胀，混沌每天都会获得更多的空间。人们曾经认为，宇宙有一天可能会坍缩回它在孕育初期的那个点状的宇宙卵，这一度导致了对熵的未来轨迹的担忧，不过现在已经没有人再设想这种前景了（尽管如此，在千万亿年

---

　　①　"热寂"的英文"heat death"直译为"热死亡"，可能让部分西方读者联想到已成为西方重要社会议题的全球变暖问题。作者在以幽默的方式澄清这种可能的错误理解。

的时间尺度上，我们很可能是错的）。我已经指出过，我们对宇宙的调查只跨越了几十亿年，而在比这大得多的时间尺度上，一个截然不同的图景可能会更适用（我提过可能的时间循环）。对于这些问题，还没有人找到一丁点儿线索。

然后，事物还有另一头，它们的开端。关于熵，无序的量度，在它最开始的起点，有什么可说的吗？如果你接受我关于创世时没什么太多的事发生的初始假定，答案就是肯定的。

在一切开始以前（这个宇宙，或者也许是某个先在的原生元祖宇宙开始以前），是绝对的一无所有。这种"无"必然具有完美的均匀性，因为如果它没有，它就不会成为"无"。如果当"无"摇身一变而为"有"的时候没有太多的事发生，这种完美的均匀性就会被保持下去（我猜）。而我一直以来的论点是，新生的宇宙会继承"无"的均匀性。由于没有嘈杂的无序，初始的熵应该是零。

接下来的事大家都知道了——我说的是字面意思。随着时间推移，会有一些我们认为是在向无序崩塌的事件，在全局上但并不一定在局部发生。恒星形成，随后是星系。行星穿梭往复，生物圈和战争也是。当然，思想、艺术和理解力也将突现出来，在此地，而且让我们希望也在别的地方，因为它太过珍贵，容不得我们独享。我们一直处身于这个创世之力消散的过程中，处身于不断增加的无序中，这片无序会存在局部的削弱，我们称之为文明，以及文明创造的物质文化成就。

时间之箭当然也是这场讨论中一个掷地有声的部分。熵的大潮无法遏制地上涨，与看上去不可逆的时间合伙为我们提供着未来，也阻止着我们重访和修补过去。我们所有的昨天都发生在全局熵更低的时间里，因此无法重访（在很多情况下，真要感谢这一点）。已知存在时间，已知事件的发生不可避免地要伴随着熵增，因此在前边等待我们的只有未来；过去则会成为永远凝固在其不变性之中的触不可及的历史。没错，不断上升的熵，尤其是我们经历过的事件在局部的积累，会增加我们对时间流逝的记忆和经验，但是鉴于我对永不停息、不可阻挡地滑向混沌的过程所进行过的论证，这里应该谈不上有什么特别神秘的。

* * *

又或者不是这样。在我上面所说的一切背后掩藏着一个与自然律有关的谜团，我认为不宜隐瞒。那就是，所有基本自然律表面上看起来在时间方向上都是对称的。也就是说，从自然律或者不涉及时间或者没有内在方向的意义上说，在深层次上，大自然看似是不知道时间方向的；然而在表层，从我们的经验来看，她又完全知道时间的方向。换句话说，与这些定律有关的问题，要么其结果根本不受时间因素影响（如能量守恒定律），要么在对这些问题进行求解的时候，不管沿哪个时间方向进行计算都一样。一个例子是牛顿方程关于行星运动问题的解：你可以勾画出它向未来运动的轨道，也可以通过改变时间的正负号，向过去回溯。方程里没有东西能坚定地证明你是在时间中向前移动。那么，从大自然对时间方向明显的中立性中，是如何派生出保证我们向未来旅行的承诺来的呢？

玻尔兹曼——第四章中那位自杀的英雄——与这个问题有关，不过是在一种非常不同的语境下，虽然他的贡献远非他料想的那样清晰明确。玻尔兹曼认为他证明了，从任意一群分子开始，只要允许它们按照各种时间对称定律嗖嗖地四处乱飞，那么不管初始的位置和速度是什么，它们最终都会发展成最为随机的分布状态。也就是说，他认为他已经表明，仅仅通过考虑定律的统计结果，而不是把目光集中在单个分子的解上，就能让时间的不对称性从时间的对称性中突现出来。他把时间之箭归因于群体行为，而非个体行为。

要了解他论证的大概意思，请想象一个小球，在一个切掉一半的盒子里运动。它不停运动，不停地撞到墙上然后弹开。有时会出现一些非常好的机会，小球的运动会把它带回到开始时的位置，至少是从那里一闪而过。现在考虑两个这样的球。现在复杂的地方在于，这两个球可能会相互撞到一起然后弹开。不过表面上说得通，你仍然可以期待它们在某个一闪而过的瞬间回归它们各自初始的位置关系，虽然你可能不得不等待相当长的时间，而且这还取决于你以何种精度来评价"相同位置关系"。表面上还是说得通，你可能能发现三个球甚至四个球回归相同位置关系的情况，但你必须为初始状态的重现等待更长时间。但是假如你有100个球，甚至1000个，或数万亿个呢？原则上，它们可能会最终重现它们的初始状态，但即便只是在100个球的情况下，你可能也不得不等上相当于整个宇宙寿命的时间才能看到它。这样，就出现了一种实践上的不可逆性，尽管在决定系统中每个粒子运动轨迹的定律中并未出现不可逆性。

　　还有一个更具根本性的解，可能隐藏在现实世界更深层次的经纬结构中。我们认为是一支单独的时间之箭的东西，有可能实际上是由两支时间之箭耦合而成的结果，一支是统计学之箭（玻尔兹曼部分），另一支是宇宙学之箭。宇宙学的时间之箭甚至可能改变"原则上的"可逆性。当你几乎永生永世一直瞭着那100个球的时候，宇宙已经变了：它变得更大了。没有重现初始状态这种事，因为在膨胀的宇宙中，你开始时所处的，并以之来定义系统初始状态的时空，已经成为历史了，即使仅仅是在原则上，你也不能期待看到小球回到它们原本的状态，你等得越久，就越不可能。

　　从而，尽管自然律可以是时间上可逆的，但它们在复杂相互作用的现实世界中的表现以及它们在不断变化的宇宙大舞台上的演出，使得它们在实践上时间不可逆。开弓没有回头箭。

* * *

我已经讨论了三条热力学定律，第零定律（关于温度）、第一定律（关于能量）、第二定律（关于熵）。还有第四条热力学定律，由于第零定律的迟到，它不可避免地被叫成了"热力学第三定律"。有些人怀疑它是否真的是一条定律，因为不像其他三条定律，它并没有引入新的物理性质。也许这意味着前三条定律已经一劳永逸地把热力学体系搭建完整了，最后这条定律仅仅是对它们的充实完善。

热力学第三定律，按照德国化学家瓦尔特·能斯特（Walther Nernst，1864—1941）1905年提出的最初形式——这稍微暗示了在这个问题上存在一些关于优先权的争议——实际上是在说，**不可能在有限的步骤之内使物体到达绝对零度**。如果你能感受到这种带有反讽色彩的沮丧情绪，可以把第一定律诠释为是在断言，什么都没有发生；把第二定律诠释为是在断言，如果万一有事情发生，那么事情肯定是在不断变糟；而第三定律可以诠释为是在暗示，无论怎么做都会失败。从指向观测，而并非一条作为底层原理的分子解释的意义上说，能斯特对第三定律的陈述类似于第二定律的开尔文和克劳修斯陈述。关于这条定律更深刻的洞见是在1923年取得的，两位美国化学家吉尔伯特·刘易斯（Gilbert Lewis，1875—1946）和梅尔·兰德尔（Merle Randall, 1888—1950）发现了一种用分子术语来表述这一定律的方法。他们实际上断言，**所有完美结晶物质在绝对温度零度时都有相同的熵。**我无法在这短短几页之间解释清楚为什么这两种陈述，在形式上如此不同，然而在实践上却是同一的。但笼统地说，这个结果是从这样一个事实中产生的：因为所有熵都趋于同一个值，所以随着温度向绝对零度靠近，要把热量从物体中提取出来，就要做越来越多的功，而要到达绝对零度，最终会需要做无限多的功。[34]

第三定律所陈述的全部内容就是，所有物质在绝对零度下拥有相同的熵。它并没有揭示这个熵的值是多少。然而，把熵诠释为无序的量度的玻尔兹曼诠释暗示了一个值：零。因为物质是一种完美晶体，它所有的分子或离子都是完美的、密集排布的阵列，因此不存在由于结构的不完美或分子放错了位置而导致的失序。由于温度为零，它里面的所有分子都处在可能的最低能级上，因此不存在由于一个分子振动得比另一个分子厉害而造成的失序。我们面对着的是完美，无论对于哪种物质，这都暗示它的熵为零。难怪它不可到达！

对于那些努力试图到达极低温，并希望在那里找到迷人的物理现象的人来说，热力学第三定律很明显是有所启示的。而即便是对栖身于温暖实验室中的凡夫俗子们而言，这条定律也至关重要，因为在一定的条件下"熵为零"这一事实为热力学中种类繁多的计算提供了一个起点，包括对一个化学反应"会进行"还是不会的数值预测。这类计算在本书的语境下看起来没什么太多值得说的，但你应该了解，第三定律完善了其他三条定律，并在定量的方面使它们比在单独使用的时候更有用。

我说完善了"其他定律"，但有没有可能还存在热力学第五、第六……定律？没人知道，虽然有些人会声称还有更多定律可以被找到。传统热力学，尤其是第二定律，处理的是变化的**趋势**，以及处于平衡状态的系统——即没有继续发生进一步变化的趋势的系统。一些人有意建立一套用来计算初始趋势的实现速率的热力学，例如对于一个远离平衡态且一直稳定地远离平衡态的热力学过程，计算其中生成熵的速率——一个活着的人就是这样的一个一直稳定地远离平衡态的系统，就这个例子而言，平衡态就是死亡。在俄罗斯出生的比利时化学家伊利亚·普列高津（Ilya Prigogine，1917—2003）研究了这种"动态结构"，并凭此赢得了1977年的诺贝尔奖；但他工作的某些方面，以及他认为这些工作意味着决定论在本质上已经死亡的看法，仍然存在争议，而且对于某些人来说，可诅咒的是，这真的超越了无规则。[35]

* * *

我寻求向大家展示，如果你放着它不管，大自然将会变得越来越糟，但在这个过程中，它也会抛出一些混沌在局部上削弱的部分，这些部分可能还很精致。热力学第二定律凝练地概括了这种物质和能量耗散的趋势，并就隐藏在所有自然现象背后的非指向性的驱动力量，给出了很深的洞见。这样一条简单的日常原理竟能解释所有变化，我认为这很非同寻常。我展示了热力学第二定律的隐含结论包括了热机效率问题，并且借由对经济效率的分析，这条定律下面潜藏着对大自然中的时间对称定律为什么会导致时间之箭单向飞行这一问题的解释。热力学第二定律由无规则所生，而它又引发了谦卑与惊奇。

六、无知的创造力：物质如何响应变化

无知是无为和无规则的一位有力盟友。在本章中，我想要展示"不知"何以能够被建设性地用以至知。最先说明的这条特别的自然律是最早被以定量化形式表达的定律之一，科学家们刚一开始意识到给自然附加上数字的重要性的时候它就出现了，但到19世纪晚期，它才被理解。对它的说明是从无知中冒出来的。

我要讨论的这条定律涉及结构上最简单的物质形式——气体，它是由当时在牛津工作的罗伯特·波义耳（Robert Boyle，1627—1691）在17世纪60年代初确立的，或许法国人会宣称，它是由在巴黎工作的埃德米·马略特（Edme Mariotte，1620—1684）在1679年确立的。雅克·查理（Jacques Charles，1746—1823）后来对它进行了细化，就像经常发生的那样，技术进步带来的需求和机会刺激了对大自然的研究，在查理的例子中，这种刺激是拜人们日益上升的乘气球飞行的兴趣所赐。波义耳－马略特定律和查理定律具有历史性意义，因为它们是最早被表示成定量形式的对物质属性的总结之一，而这就使它们，在某种意义上可以被用来进行数值上的计算与预测。它们也是发展热力学，以及在化学和工程技术方面的现象与过程中应用热力学的基础，因此在基础研究和实践层面都极其重要。

我在第一章概略地介绍过波义耳定律的公式，这里只需温习一下它的内容。因为新闻在那个年代传得很慢，因此波义耳，以及马略特，分别独立地确定，**一定量气体施加的压强与它所占的体积成反比**。也就是说，如果一定量气体所占的体积下降，它的压强就会上升。具体而言，通过推动活塞将一定量的气体限制在相当于它初始体积一半的空间内，气体的压强就会增加为原来的两倍。在今天，对于这条定律的**定性**方面，我们解释起来几乎毫无困难。所谓一定量气体的现代图景，就是一大群在空荡荡的空间里飞快地飞来飞去、永不停歇地进行着无规则运动的分子。当气体被压缩时，同样数量的分子被挤进一个更小的体积中，但还是在以同样的平均速率飞来飞去（因为温度是恒定的，而温度决定了速率）。更大的分子密度导致了在任意给定间隔内有更多的分子撞击器壁。分子施加给器壁的力在宏观体验中也就是气体的压强，因为分子施加的力的总和现在更大了，因此气体的压强也就更大了。然而，挑战在于解释这条定律的**定量**方面，即当温度保持恒定时，压强与体积间精确的数值关系是怎么来的。

查理丰富了上述观测事实，他检验了在允许温度变化的时候会发生什么。在那个年代，即18世纪晚期，人们最初的飞行是通过热气球来实现的。1783年9月19日，一只绵羊、一只鸭子和一只公鸡被装在由孟戈菲兄弟——约瑟夫（Joseph Montgolfier）和艾蒂安（Étienne Montgolfier）——建造的热气球中进行了首次飞行，它们无疑被吓坏了。几周后，人类迈出了他小小的、冒险的但预兆性的踏向天空的第一步。氢气球（不久之后还有更易于获得但产生的升力更小且实际上有毒、易燃的煤气气球）很快飞上了天空，它在那个年代比热气球更为实用，直到20世纪50年代，现代瓶装气体燃料气球重返天空之时。充气气球避免了热气球篮子里时刻要伴随着一个燃烧的火盆的需要。此外，热气球只能在空中停留到它们的重油燃料耗尽以前。在两种类型的气球中，人们都对温度如何影响空气继而影响气球的上升能力抱有严重关切。对于热气球来说，升力来自于热空气密度的降低，而充气气球的浮力依赖于周围空气的温度，这个温度又随高度变化。另一位早期的气体属性研究者，约瑟夫·盖-吕萨克（Joseph Gay-Lussac，1778—1850）和他的一位同事，在1804年为分析不同高度大气的构成与属性变化进行了一次无畏的尝试。他们用一架气球创造了后来被确认为人类所到达高度的世界纪录，这个高度——他们以令人怀疑的精度宣称——是7016米（20018英尺）。

查理，他本身就是一位气球飞行先驱，通过一系列实验确立了我们现在称之为**查理定律**的定律，即当维持气体体积不变时，**固定数量的气体产生的压强以正比例关系随温度上升**。也就是说，温度加倍，压强加倍。这里你必须小心，因为这条定律中的"温度"是绝对温度，也就是一般按照我在第四章介绍过的开尔文温标来报告的温度。对于更具人为色彩的摄氏和华氏温标，这条定律可不灵。所以如果气体最初是20℃，就把它想成是293K，要使气体产生的压强加倍，就要把这个数翻一倍变成586K（对应于313℃）；不要把20翻一倍，期待在温和的40℃下压强就会加倍。

波义耳定律和查理定律可以合并为一条单一的定律，**完美气体定律**[①]，写出来就是：**一定量的气体，压强与体积成反比，与绝对温度成正比**。[36]你也会碰到被称为**理想气体定律**的同一个表达式，可以把它们当作同义词来对待。[37]这条定律是"普遍的"，因为它适用于每一种气体，无论它的化学成分是什么，包括对于混合物，如空气。此外，这条定律的数学形式只依赖于一个基本常数——它被毫无想象力地称为"气体常数"，这个常数对每一种气体都相同。气体常数实际上在第

[①] 中文文献通常习惯采用"理想气体定律"的说法。

四章出现过，只不过是以隐藏的形式，因为它实际上是更基本的玻尔兹曼常数的伪装。这种伪装使气体常数能够溜进许多与气体风马牛不相及的表达式中，例如计算电池电压的表达式。

在第一章中，我介绍过极限定律的概念，这是一种当所描述的物质被不断去掉时会逐渐变得越来越可靠、当所有物质都荡然无存以后才会确切适用的定律。完美气体定律就是这样一条极限定律，当压强减小到零，或等价地，在气体所占的体积趋近于无穷大的情况下，它会变得更加可靠。完美气体定律描述的是"完美充气状态"，即假设使问题复杂化的因素全都不存在的情况下应该被观测到的状态，这些因素诸如分子会短暂地粘连在一起，而不是完全自由地四处飞舞；或者在一个做无规则运动的分子从容器一边高速移动到另一边的半道，它本来可以获得的空间遭到了另一个分子的抢占。当气体占据的体积非常大时，分子相遇的机会就会非常少（在它们之间的空间取无限大的极限下，它们一次都不会遇上），从而使它们对彼此的存在浑然不知。在实践中，这意味着完美气体定律在无限体积或零压强的极限下会被完美地遵从。简言之，对于所有气体而言，只有当它们不存在的时候，它们才会确切服从完美气体定律。

尽管最后这句话说是这么说，但极限定律远非无用。像很多极限定律一样，完美气体定律最终被证明是讨论实际系统的一个合乎情理的起点，就它的案例而言，也就是日常条件下的所有气体，这些气体只有在人们鉴别其更复杂的运动模式时，才会显露出各自的特异性，并需要我们调整理论去适应。这有点儿像两个地方之间的"完美"路线是一条直线，就像人们说的，像乌鸦飞的一样，[①] 在最初考虑一段行程的时候，这条路可能挺合乎情理的，但是等到真付诸实际的时候，你只能紧紧沿着旁边的实际公路前进。直线就是在各种起干扰作用的地形地貌特征都不存在的情况下的"极限"路线。在实践中，人们发现完美气体定律在正常压力，也就是在现实生活中以各种方式应用它时将会遇到的压力下，是可靠的，但是当压力高得离谱或温度低到离气体的液化点不远的时候，在非常精确的工作中，就必须把定律与实际气体间的偏差考虑进去了。事实上，完美气体定律极其重要，因为热力学中很大一部分内容的表达式都是以它为起点开始制定的。从这个意义上说，它是深埋在热力学形式体系及其应用的底层根基中的。

科学中有那么几条极限定律，它们表达的全都是某种特定属性的"完美本质"，并且在描述这些属性的更复杂表现时充当着合乎情理的和有用的起点。我心里想的是几条关于液体混合物性质以及溶解物对溶剂性质影响的定律，但我只准

---

① 因为传说乌鸦总是沿直线飞行，因此英语中有习语 as the crow flies，表示径直的、笔直的意思，如 We are 500 meters from there as the crow flies——我们离那里直线距离 500 米。此处作者借用这个习语来打趣。

备稍微提一下它们，不会过多展开。这些定律大多是在严肃化学学科建立的早期被发现的，并以它们发现者的名字命名，包括英国化学家威廉·亨利（William Henry，1774—1836），他是研究关于气体在液体中的溶解度的，例如苏打水和香槟的生产，以及深海潜水员"弯曲症"①的发病率；法国化学家弗朗索瓦-玛丽·拉乌尔（François-Marie Raoult，1830—1901），关于他的定律是研究溶解物如何影响溶液属性，如盐对水冰点的影响；还有荷兰化学家雅各布斯·范特霍夫（Jacobus van't Hoff，1852—1911），关于渗透（这个词源于希腊语"推动"）这种对生命过程有重要影响的属性，也就是溶剂从薄膜表面穿越而过的表观能力——别的先不论，正是这种能力使生物细胞维持着丰满和健康，使植物不会枯萎，使树木能得到营养滋润。[38]这几条定律充分说明了一只生得足够早的学术之鸟是多么容易仅凭识别出简单的系统运行规律就吃到青史留名这只虫子，也许还说明了科学事业令人愉快

---

① 实际是因潜水时身体承受的压力变化过快而造成的减压病。在深水时，由于人体承受的水压远高于大气压，会增加肺部吸收的空气在血液中的溶解度，使过多的空气溶解在血液里。上浮过程中，如果上浮过快，造成压力骤降，之前溶解的多余空气，尤其是无法被人体吸收的氮气，来不及缓慢排出，而是大量快速析出，就会形成气泡堆积在组织器官里，造成不适并影响器官功能，严重时还会引发死亡。其中气泡在肌肉和脂肪组织中堆积，从而引发肢体疼痛，是减压病最常见的表现形式之一。患者往往需要保持患肢处于弯曲位，以求减轻疼痛，故在早期人们不完全理解潜水病致病机理的时代普遍地称其为"弯曲症"。后来西方医学界也普遍将"弯曲症"用作所有症状的潜水病的总称。

的国际性特征，不过除此之外，它们与当前的讨论关系不大，尽管它们对我这样的物理化学家而言关系相当大。这三条定律都可以追溯到被热力学第二定律捕捉到并表达出来的宇宙向混沌无规则坍塌的过程。一言以蔽之，如果没有这些热力学第二定律的简单推论，植物会枯萎，田地会荒芜，你我将死去。这些定律将真的达到极限。

* * *

把这些基本的老生常谈放在一边，是时候来看看无知是如何增强无为和无规则，使它们得以说明完美气体定律的，这是本章最初和最根本的目的。你已经知道了，气体由处在无休止的混沌运动状态下的分子组成，它们到处乱飞，彼此碰撞，然后又迅速弹开，以不同的速度飞向别的方向。即使在最风平浪静的日子里，你我也处在一场分子风暴的中心，我们的体表一直在被这场永不停歇的暴风雨敲打着，多也好，少也罢，总是如影随形。要想象在空气这样的气体中发生的躁动规模有多大，可以把分子考虑成网球大小，在它撞上另一个分子以前，它会飞过大约一个网球场的长度。这种混沌行为全都发生在经典力学的统治域中，也就是无为和无规则初露端倪的地方。

所谓从无知中会涌现出知识，这个无知指的是我们对无数分子中的某一个**单个**分子在这片永不停歇地活跃着的乱象中会发生什么，完全一无所知。虽然每次单独的碰撞都对压强有所贡献，但是并没有必要跟踪每一个单独分子的运动轨迹。就像在社会学中，以合理的置信度预测群体行为是可能的，但是预测这个群体中某个个人的行为就不行了，正因为在我们称之为"一定量气体"的群体中存在着无数个分子，所以我们可以放心大胆地不去管单个分子的贡献，哪怕仅仅是因为我们对它们的无知。就像定量社会学家一样，我们需要退后一步，不要把目光聚焦在个体上，而是要聚焦在群体上。

当我们这样做了以后，并通过使用各种牛顿定律解开处理一大群物体问题的数学方程，波义耳定律就会横空蹦出来。[39] 你可能会认为波义耳定律太明显了，根本不需要很多数学知识就能得出这个结论。在某种意义上的确如此，但事实上，通过数学得到的结果比单纯的波义耳定律更丰富，因为它显示了压强和体积是如何共同被气体的各项特性所决定的，如单个气体分子的质量、分子平均速率，我认为，这是一种无法从定律的图像化诠释中推导出来的依赖关系。又一次，在把一个定性的图景用定量的方式表达出来，在为定律提供说明的过程中，对数学的应用丰富了我们对定律的洞察与理解。

* * *

那么查理定律，压强正比于绝对温度，又是什么情况呢？又一次，得到数学（暗中）襄助的无知要大显身手了，而且会给查理定律带来一个解释。

关键是分子速率与温度之间的联系。速率起着双重作用。如果分子运动快，那么在给定时间间隔内就会有更多分子撞到墙壁上，并且撞击时会提供更大的冲击力。因此，随着温度的升高，气体施加的压强在两种理由的作用下都应该上升，既因为冲击的频率，也因为其所携带的撞击力的强度。已知（待会儿我就会回来论证这一点），一定量气体中分子的平均速率正比于温度（绝对温度）的平方根，因为温度的平方根乘以温度的平方根等于温度本身，于是我们就得到了查理定律——压强正比于温度——的解释。[40]

仍然悬而未决的问题是，为什么气体中分子的平均速率与温度的平方根成正比。首先，让我们看看对于空气而言，这在实践中意味着什么。平均速率与分子质量有关，在20℃下，轻分子（氮）以500米/秒（1800千米/时）的速度疾驰；而更重一些的分子，如二氧化碳，仅以380米/秒（1368千米/时）的速度款款而行。这些数字实际上给出了一些关于另一种物理现象——声音传播——的深入认识。空气中的声速在海平面附近约为340米/秒（1224千米/时），与上述的分子速率相似。声音实际上是一种压力波，它的产生依赖于空气分子，当这些分子一起移动位置的时候，就会产生一个由起伏的压力构成的波，而它们产生波的速率依赖于它们可能的移动速度。因此，声速与分子的平均速率差不多，并不令人惊讶。不过，在这里我们关注的是分子速率对温度的依赖关系，而且由于它是随温度的平方根变化的，很容易算出从气温20℃（298K）的暖和天气到气温0℃（273K）的寒冷天气，空气分子的平均速率会下降大约4%。

我得解释一下分子平均速率与温度的平方根成正比这一事实，因为这样的话我们也就充分解释了查理定律。气体分子只有动能，即因运动而具有的能量，因为受距离太远所限，在大部分时间里，它们都不会与另一个分子发生相互作用，因此也就不具有因粒子间的相对位置而产生的势能。速度与动能——来自运动的能量——有关，因此计算平均速率的一个窍门就是估算出分子的平均动能，然后把平均能量诠释为平均速率的形式。你在第四章中看到了，玻尔兹曼展示过一种计算平均属性的方法，通过想象把书（分子）扔到搁板（能级）上，然后找到在不做任何引导的情况下（除了确保总能量是一个固定值）最可能的结果是什么。当对一定量的气体执行这一程序时，计算中途就会得到分子平均动能的表达式，也因此，得到随之而来的分子平均速率。果不其然，平均速率正比于温度的平方根，正如我们解释查理定律所需要的。

当然，这还不是全部。你们已经看到了，波义耳定律和查理定律结合到一起就是完美气体定律——作为热力学那么多应用方式起点的极限定律，你现在知道它是怎么来的了：波义耳定律的部分来自对气体分子冲击次数的考虑，而查理定律的部分则是由分子速率及其对温度的依赖性在起作用。

我希望你能领会到这个结论的激动人心之处。从无知中，也就是在不知道关于个体运行方式的任何细节的情况下，我们提炼出了一条自然律，完美气体定律。顺着这条路，还突现出了对一定量气体中的分子平均速率的一种新理解，并理解了这一平均速率为何随温度以及组成气体的分子的质量（虽然我只在注解中提到了这项特性）不同而变化。无知只要被放对地方、摆对形状，就能够成为获取理解的重要源泉。

* * *

完美气体定律只是一条我在第一章中提到的小自然律。这些外在定律，属于从属性定律，就如同水果那样，挂在那些大定律——内在定律——的大树上。一旦母定律作为无为和无规则的推论被接受，就可能有其他一些定律通过更进一步地应用无知而突现出来。

胡克定律就是一条这样的外在定律，我在第一章中也提到过它。罗伯特·胡克（Robert Hooke，1635—1703）是17世纪真正富有想象力的思想家之一，其时，迷惘与惶惑正在被以启蒙运动为代表的理性思想大潮驱退。胡克一方面为牛顿的思考提供了养料，另一方面也生成了他自己的伟大思想。正如我们在第一章中看到的，胡克定律说，当你拉伸弹簧时，**回复力与位移成正比**。也就是说，把弹簧从松弛状态拉长一厘米，会感觉到它产生一个抵抗的力，如果拉长的距离是上面的两倍远，就会感觉到两倍强的抵抗。[41]这条定律有一个推论，这个推论是从以无规则为基础的牛顿力学中直接派生出来的，那就是弹簧会像单摆一样稳定地振荡，从而使钟表装置能够准确计时。

胡克定律是极限定律的另一类例子，只有当弹簧相对于平衡位置没有位移时它才会成为严格有效的。它是对被拉伸弹簧的完全真实的描述，只要它们没有被拉伸；它也是对摆动中的单摆的完全真实的描述，只要它们没有摆动。在可测量的拉伸和摆动下，所有弹簧和单摆都表现出对这一定律的偏离，但随着拉伸和摆动趋近于零，它们会越来越趋向于与定律一致。在大多数情况下，这种偏差可以忽略不计，我们可以用这条定律做出可信赖的预测，时钟也会保持完全准确的走时。但如果拉伸太大，比如超过了弹性限度，定律就会失效。

要用无知来解释胡克定律，该从哪里入手呢？如果你对外部因素一无所知，那么你在任何产生与位移相反的力的地方都会得到胡克的结论。论证如下：考虑任意一种属性，然后考虑当对某一个参数进行调整的时候它会如何变化。我所说的"参数"，是指任何你可以改变其原始状态的东西，比如弹簧的伸长、单摆的角度、分子键的长度、施加在固体物块上的压力，等等。在每个案例中，被改变的对象都可能有一种属性是由改变的幅度决定的，当改变为零时，这种属性达到或经历一个最小值。例如，它可能是一根被拉长或压缩的弹簧的能量。如果你愿意想象一幅标注着弹簧形变大小与能量间对应关系的图表，它看起来会像是一条在零形变点两侧都上升的曲线。也就是说，当弹簧伸长与压缩时，它的能量都会上升，只有在弹簧处于松弛状态时，才会取最小值。除非出现特别匪夷所思的情况，所有这样的曲线，无论其所指征的属性是什么，也无论施加在对象上的改变是什么性质的，都会以同样的方式以改变为零时刻的取值为起点，开始上升。就弹簧能量与位移之间的依赖关系而言，其上升的方式形如抛物线，这说明（按照牛顿力学）回复力与位移成正比，与胡克定律的断言完全一致。[42]因此，不知道力如何起作用，导致我们知道了力最有可能的作用方式。

* * *

我想回到我刚刚提到的那个问题上，即胡克定律是如何为全世界的守时系统提供基础的，或者至少在晃动的单摆控制时钟、振荡的摆轮控制手表时，它是如何起作用的。有没有可能在不解经典力学方程的情况下，在与位移成正比的回复力与守时所需要的规律的振荡节拍之间找到一种联系？是否存在一种深层次的、也许尚未被意识到的深藏在规律性振动背后的解释？

无论在空间中还是在时间中，规律性都暗示着一种潜在的对称性。我们需要识别出这种对称性是什么。在这个案例中，由于动能由摆动速度（也因此由线性动量）决定，而势能则在重力影响下随着摆动的高度一起上升和下降，因此存在一个从一种能量形式到另一种能量形式，再变回来的，规律的能量流动过程。其中一种能量——动能——取决于线性动量的平方；另一种——势能——取决于位移的平方。[43] 两种能量形式在升高时都以另一种形式的能量作为来源，结果是形成了一种规律性的转换。当我们观察一个单摆的摆动，我们会看到，在它的折返点，也就是它摆动的极限处，它会处于瞬时静止的状态，此时它的动能为零，但势能最大；当它加速时，势能会把能量返还给动能。在处于垂直位置的瞬间，摆锤移动得最快：此时它已经失去了全部势能，同时拥有最大动能。现在，随着摆锤逐渐变慢，同时向另一侧的高处摆动，动能开始把能量返还给势能。无论摆动的幅度是什么样的，这种能量流动的对称性都会持续下去，作为时钟核心部件的钟摆也会不停地摆动下去。

在这里，我想介绍一个知识点，以便更深入地解读这种对称性的内涵，不过这需要先做一点点概念设定。观察世界有两种方式，可以按物体的位置来描述，也可以按物体的动量来描述（我在第二章介绍过线性动量，即质量乘以速度）。到目前为止，我描述"无"的时候一直是根据位置观点来说话的：我认为"无"显然是均匀的，因为无法想象在绝对的一无所有中会存在局部的包包块块，至少这在修辞上就是自相矛盾。但是假设你戴上一副不同的眼镜，你就能按照动量的观点来观察"无"。这个过程绝非像它可能看起来的那样荒诞不经，因为有些研究物质的技术就是这样做的。例如，很多关于生物学的奇妙洞见（比如DNA结构）就是通过这类方法获得的。我考虑的是"X射线衍射"技术，就是将一束X射线照射到晶体中，使之发生散射（从技术上说是衍射），从而形成一个光斑图样，从中可以分析出晶体中原子的空间排列信息。光斑实质上就是通过动量窥镜看到的分子结构。[44]

也许你能接受，当你透过新镜片来观察"无"的时候，你看到的还是一无所有。这种"无"的新视角与基于位置的旧视角所揭示的一样均匀。在这种情况下，如果你继续承认创世时没有太多的事发生，那么在宇宙刚刚开始后的瞬间，它在线性动量的意义上同样保持着均匀。而这种均匀性的一个推论就是，自然律与万事万物被赋予的速度无关。已知观测者与观测对象以相同速度运动（因此我们不必担心相对论效应），那么他就会看到相同的定律。例如，对于钟摆来说，无论它驱动的时钟是在以100米/秒的速度运动还是处于静止状态，它的摆动都遵从同样的定律。（如果钟是静止的而你在运动，那么你会发现钟的走时存在偏差，不过那是相对论效应，完全是另一件事：参见第九章。）

当按照位置和线性动量描述宇宙的时候，宇宙显示出一种深层次的对称性。单摆便展示了这种对称性。一个摆动着的单摆（事实上，任何振荡器，包括弹簧末端的重物），它的能量在空间上和动量上是对称的，它对这两方面的能量有对等的贡献。随着它的摆动，能量从它的线性动量流向它的位移，然后再流回来。如果你摘下你的日常镜片，换上动量窥镜，你将看不到任何区别。在你曾经看到位移的地方，现在会看到动量；反之亦然。这种对称性，为单摆永不停息的节奏性摆动、弹簧末端重物的往复运动，乃至手表摆轮无休止的振荡提供了基础。

* * *

在这一章中，无知带我们走过了很长的一段路，并在适当的引导下成为了知识的基础。本章讨论的其中一种无知，指缺乏关于单个实体运行方式的知识，它迫使我们像社会学家那样求助于对群体行为——就我们的案例而言是一定量气体中的所有分子的行为——的估算，结果发现气体服从某些定律，而这些定律在热力学中发挥着非常有效的作用。然后还有第二种无知，即对实体运行方式的无知——我考虑的是单摆和弹簧，但其他例子也有很多——比如当实体相对于弹簧松弛的位置发生一个很小位移的时候，除了特殊情况，这些实体很可能会以具有相同特征的方式运行，即表现得像解释它们运行方式的定律一样。作为一个彩蛋，人们证明这种运行方式展现出了宇宙的另一种深层次的对称性，这种对称性同样是从以均匀的"无"作为起点的宇宙的初始时刻中冒出来的。

七、光的载荷①：电和磁的定律

　　电学与磁学定律在大自然中扮演着一个特殊角色，这不仅是因为从我们的存在到构成，背后都有它们以各种方式在起作用，还因为生活中的大多数工作、娱乐和消遣都是以它们为基础的。太阳的辐射能以电磁辐射的形式传递给我们，在所到之处驱动光合作用来构建我们的生物圈，用森林、田野和草原为地球的无机表面披上绿装，使海洋焕发出勃勃生机。通过这种滋养，它让陆地、海洋和天空中住满了可移动

---

　　①　本章原标题"The Charge of the Light Brigade"是一句军事术语，即"轻骑兵冲锋"，同时这也是一部拍摄于1936年的著名英语电影的名字，并曾在1968年重拍，中文通译为《英烈传》。light在英语中既可以作形容词代表"轻的"，也可以作名词指"光"。Brigade为队列之意。"Light Brigade"作为军事术语指"轻骑兵"，而在这里，也可以将其形象地理解为光束笔直前进的样子。Charge在军事术语中指"冲锋"（既是名词也是动词），同时作为名词又有"负荷"之意，在物理上尤其被用来指电荷。本章讨论的电磁学定律正关乎光与电的本质，因此作者利用light和charge的双关含义，借用了这部著名影片的名字作为本章标题。

的生物体，最终为我们提供了早餐，并通过早餐为我们提供了创造力与欢乐。更根本问题在于，是电磁力将原子和分子拉在一起，从而使各种各样形式的有形物质得以存在。同样是这些力，使运输和通信成为可能，传递的内容从兹事体大到细枝末节——即便是那些细枝末节，也早已成为人类享乐、杀戮、贸易、存续，以及一句话——存在——必不可少的一部分。

通过从电学与磁学切换到"电磁学"，我已经偷偷转到了这些定律之所以重要的另一个方面：它们的统一性。所有力的统一，即证明所有力都是一种单一的基本力的某种表现，是物理学的一座圣杯。如果能达成这个目标——目前离完全实现还远得很，但它已经在诱人地招手了——就说明，看似杂七杂八的各种力其实包含着一种底层的一致性，而且说明世界比外在显示的要简单得多。用来描述这些不同的力的作用的杂七杂八的相应定律也会随之融为一条单一的定律，从而大大增加我们揭示其起源的可能性。

对称性在寻找圣杯的过程中扮演着一个核心角色。我在前面的章节中提到过它在其他语境下的作用。第二章提到，艾米·诺特识别出了对称与守恒律的深层次联系，还提到我关于宇宙在诞生过程中保留了"无"的均匀性的观点。另外在最近的章节中我还指出，我把钟表看成是一种隐藏的对称性的外在表现，而这种对称性在物质属性的隐秘世界中是无处不在的。

如果你想要一个关于对称性在电与磁（以及扩展后的其他力）的统一中所扮演的角色的看得见摸得着的类比，那么下面的内容可能有所帮助。想象一个正方形代表电，一个正六边形代表磁。这两个形状的差别相当大，想要通过扭曲和旋转使一个成为另一个是不可能的。正方形的电和正六边形的磁看上去泾渭分明。现在考虑一个立方体。当你从立方体的一个面看过去，你会看到一个正方形。当你沿着正方体的体对角线（连接正方体的两个相对的角的假想线段）看过去，你会看到一个正六边形。现在，如果不再把两种力当成分立的实体来思考，而是拓宽视野，将一维扩展为三维，把它们合二为一，考虑成一个正方体，那么正方形的电和正六边形的磁就会显而易见地成为一个单一实体的两种不同表现，并与某种抽象空间中的旋转运动联系在一起。这个立方体就是电磁。

沿着同一条脉络，我还有好多东西要说，并且随着这一章的展开，这些内容可能有助于建立一个扩展版本的立方体类比。正如我提到过的，现代理论物理学的一个主要着力点就是统一世界上所有的力，尤其是证明统一的电磁力只是一个单一的力的其中一个侧面。这种进一步的统一已经在电磁力与"弱力"之间实现了，"弱力"是发生在原子核内部的一种作用，它会改变组成原子核的基本粒子，从而导致放射性现象，也就是从原子核内部以γ射线（波长非常短的高能电磁辐射光子）或带电粒子（α和β射线）的形式放射出辐射的现象。目前人们关注的主要是"强力"的某些方面，这是一种作用距离非常短的力，正是它把质子和中子束缚在一起构成了原子核，尽管电磁力一直努力要把这些密集堆积在一起的带电粒子驱散。我们应该庆幸强力的作用距离不像电磁力那么长，因为如果那样的话，我们和世界上的每件东西就会被吸到一个单一的巨大原子里面去。也许有一天引力也会加入到这种统一中，虽然它确实有一些与时空自身结构关联在一起的谜一般的特征。等我们识别出立方体的所有侧面，以及它在某种精心构造的抽象空间中的旋转和其他操作，就会实现所有力的大统一。大统一就是在追逐一座圣杯；这座圣杯不是一个杯子，它是一个精巧得难以想象的多维抽象空间中的立方体。

在本章中，我会集中讨论电磁学定律，主要是因为它们是人们最熟悉的，或者至少最不陌生的。（我会多少对它们作一些介绍，述其精要。）但是，与关于电磁力的说法相类似的说法也都会适用于弱力（肯定）和强力（我想），因此我的目标是识别出这些熟悉的定律的起源，然后让你展开想象力，最终接受类似的说法也适用于其他力这个事实。我必须承认，这一步完全是凭信念跨过去的，因为物理学家们目前还在为把这些力整合进一套统一的方案而努力。

为了防止你忘了我们这本书要说的是什么，让我提醒一下，我要论证的是，电磁学定律仍然是无为和无规则形成的另一个结果，是完全从宇宙诞生之初——也就是有点儿什么从"无"中突现出来的那个时刻，这次突现从本质上说，可以推测是自发的——没有事情发生这个前提中滋长出来的。我们需要考虑的问题有以下几方面。

* * *

库仑定律是最早得到形式化表达的电磁学定律之一。1784年法国物理学家查理·奥古斯丁·德·库仑（Charles-Augustin de Coulomb，1736—1806）给出了这条以他的名字命名的定律的规范形式。他提出，两个电荷之间的力随着它们之间距离的平方而减弱。这就是所谓的"平方反比定律"。还有其他人（包括约瑟夫·普利斯特里和亨利·卡文迪什，两个都是英格兰人）也得到了同样的结论，但人们还是普遍把系统研究和形式化表述这条定律的功劳归于库仑。对于服从同样关系的重力而言，则在更早的时候就出现了暗示其很可能与距离成平方反比关系的迹象。[45]

我高度怀疑，如果你是上帝，尽管你在其他事情上做出过好多明显反复无常的决定，但是如果你想赐予人类一条你能设计出来且他们也能欣赏得了的最美的电荷相互作用定律，你将给他们库仑定律。这是一条拥有独特之美的定律，但这种美并不表现在表面，漫不经心的旁观者是无法看见它的。

首先，相对没那么重要的一点是，它描述的力是球对称的，就像一个棒球，这是物体在三维空间中最完美的对称形式。我马上就会解释这一点。上述评价中的"最"可以量化吗？是的。一个球体有无数条对称轴（任意一条直径都是），绕其中任意一条对称轴都存在无数个旋转角，可以让球体在旋转后外观保持不变。现在考虑过球体的球心插入一面镜子，让映在镜子里的半个球体与另一边的半个球体重合，这面镜子将可以按无数种不同的方向摆放。在三维空间中，没有物体拥有比这更高的对称性：球体是最对称的三维物体，完满度无限大。如果你倾向于认为对称就是美，那么球体就是美的化身，或者至少是对原初的美的某种身体力行。

库仑定律在如下的意义上是球形的。定律中的两个电荷，一个相对于另一个的方向与定律的内容无关。电荷相互作用的强度在任何方向上都以同样的方式、同样的幅度随距离减小而下降。这可能看起来并不特别令人兴奋，但它对原子结构以及随之而来的物质属性有着深远的影响。更进一步说，这里还藏着对"无"的重要性的另一个暗示。一个过分简单化的观点（尽管如此，但它很可能是正确的）是，库仑力的球对称性是从绝对的一无所有的均匀性中，更具体地说，也就是从绝对的一无所有的球对称属性中突现出来的。当这种力突现出来的时候（在本章后面的部分，我将以更细致的方式讨论这件事），"无"演化成了传播这种力的介质，在它从绝对的"一无所有"中突现出来的过程中，没有任何额外的约束被强加到它上面。无为深藏在库仑的心中。

其次，尽管我说过那些关于球体具有无限对称性之类的话，但是库仑定律其实不仅仅是球对称的，它还有一种内部对称性。这种对称性不是简单看看它的表达式，发现里面只有距离而没有提到方向，就能够辨别出来的。如果我们把漫不经心的旁观者的眼睛变得更老练些，把对相互作用的评价从我们普通的或习以为常的三维世界挪到四维世界中，那么库仑定律的球对称性在那里同样会得到保持，变成超球对称性。[46]

我知道我可能是在要求你将视觉想象力延伸到它的边界之外（正如我也在要求自己），但这正是数学的力量所在，它可以迈出这一步，用符号证明我所说的都是真的。关于步入四维世界的时候都会发生些什么，我可以给你一个形象化的提示，就是带你看一看从二维迈入三维的时候会发生什么，然后让你接受，当你步入四维世界会发生某些类似的事。你已经看到了，通过把图形从二维平面移动到三维立方体上，可以看出正方形与正六边形是关联在一起的，此处我正是在要求你以一种类似的方式来思考，虽然问题略有不同。

下面我想让你在脑中呈现这样一幅图像。考虑一张正方形的白纸，中间画着一个红色的大圆。现在考虑另一张一样的纸，一半涂成红色，另一半放着不动。很显然，这两个图样毫无关联。或者要是有关联呢？一个正方形和一个正六边形，在我请你提升一个维度，考虑一个立方体的时候，就变成了有关联的；那么当我们对这个圆形和长方形做同样的事，情况也可以成立吗？

我需要请你从二维世界步入三维世界，想象一个球体停在这张白纸的中央。球体的南半球被涂成红色，北半球保持白色。想象从北极点穿过球体画一条直线到纸面。如果线经过红色区域，那么下面的纸就被染成红色。你可能能够想象，通过这个过程最终会得到一个以纸面接触南极点的位置为圆心的红色圆形。现在绕一条穿过赤道的轴把球体旋转90°，这样一来红的那半现在就变成了西半球。从球体顶部的新北极点重复刚才的投影练习。你可能能够想象，现在纸的一半变成了红色，另一半保持白色。你现在能够看出来了，虽然在二维世界这两个图样是互不相关的，但是如果上升到三维世界，它们就关联起来了：只有一个单一的球体，而我们的感知力没能在二维空间中识别出这种隐藏在背后的对称性。库仑定律也是这样：只有当我们走进四维世界，才能欣赏到它的完整对称性，即在四个维度的每个方向上都是一样的。

就我所知，这种隐藏的、高维度的对称性没有带来任何能够立刻让人眼前一亮的**日常**结果。我想起来有一条结果，这条结果是关于氢原子结构的一个非常艰涩冷僻的方面的，尽管（除了暗物质以外的）宇宙中最丰富的物质都是由这些原子构成的，[47]但我还是不愿意谈它。我可以牵强附会一下，说元素周期表的结构和整个化学世界（包括生物学，以及通过外推，社会学）都是因为原子中存在一个以上的电子时（就像氢以外所有元素的情况那样），电子与原子核间相互作用的超球对称性发生了消除而导致的。但这不过是在故弄玄虚，尽管如此你还是应该记住这句话。事实上，与此相关，使我们有机会介绍另一条内容颇有些暧昧的自然律，**周期律**。这条定律发现，当把元素按照它们的原子序数（原子核内的质子数）排列时，每隔一个不断变化的间隔，元素的属性就会在一定程度上彼此重复。也就是说，硅（原子序数14）与比它早8个元素的碳（原子序数6）类似，氯（原子序数17）与同样比它早8个元素的氟（原子序数9）类似。周期律、元素周期表以及整个化学、生物学和社会学，是库仑相互作用的对称性以及带负电的电子在带正电的原子核周围如何聚集的规则所直接导致的。

* * *

现在我将对库仑相互作用以及其他类似的相互作用——它们在某些案例中负责将物质凝聚在一起，在另一些案例中又起着驱散它们的作用——做更深入的挖掘，更深入地寻找它们在无为与无规则中的起源。

我的起点是薛定谔波动方程，我在第三章介绍过它。我在那里提到过，量子力学的一个至关重要的方面是物质的"波粒二象性"，即粒子呈现出波的样子，反之亦然。关于这种联系，我需要说明的一点是物质波应该如何诠释，这一贡献要归功于德国物理学家马克斯·波恩（Max Born，1882—1970，直到1954年，人们才以诺贝尔奖的形式过晚地承认了他在量子力学建立过程中的各种贡献）。量子力学中物质波的"波恩诠释"认为，波在某一个区域上的振幅的平方可以告诉你在那里找到粒子的几率。记住这个诠释，然后考虑一列波，振幅（波峰的高度）一致、波长（波峰的间隔）恒定，从这里一直延伸到地平线以下。现在考虑把整列波稍微往前挪动一点儿，从而它的所有波峰和波谷也都会移动一点儿。你会发现，没有什么可观测的东西发生变化，也就是说，如果你想要估算在任意点找到粒子的几率，那么你会发现在移动前后结果是相同的。[48]我们说观测结果在全局（也就是说在每个地方都相同）"规范变换"下不变（也就是说，没有变化）。"规范变换"这个词需要解释一下，不过这个解释用不了几个字。它的全部意思就是，如果你顺着波的方向放一根测量杆（规范），并记下第一个波峰的位置，那么在波被推着往前走了一点儿以后，为了得到相同的读数，你就得把规范（杆）

也向前移动一点儿。

到目前为止，我们说的好像全都是些无关紧要的废话，也许就像所有的终极真理一样，但我们正站在进入一个新世界的门槛之外，这个世界就是粒子相互作用的"规范理论"——现代物理学的前沿之一——的世界。现在，就来让我们谈谈之前说的这些东西的有关紧要之处吧，它们将证明其推论十分惊人。

我在第三章解释过，或者至少提到过，粒子的运动方程可以通过这样一种方法来确立，首先建立一个与路径相关的"作用量"表达式，然后寻找牵涉作用量最小的路径。作用量最小的路径就是粒子所取的那条，幸存下来的、没有被相邻路径消除的路径。我接着还说到，牛顿的"微分"方程可以看成是一套告诉粒子如何一无穷小步接着一无穷小步地沿路径摸索前进的方案。上述讨论是针对实际人们所"熟悉的"粒子比如电子来表述的，但它也适用于不那么可触知的电磁辐射粒子，即光子。因为在量子力学中，每个对象都既是粒子又是波。因此，粒子采用作用量最小的路径这一原理也可以适用于电磁学以及传播它的粒子——光子。

在电磁学情况下列出作用量表达式，并求它的最小值，求到半路就会出现与牛顿方程对等的东西，只不过现在这些方程描写的是电磁场的运行方式。这组方程以"麦克斯韦方程"之名为人所知，它们是由短暂而耀眼的流星詹姆斯·克拉克·麦克斯韦（James Clerk Maxwell，1831—1879）给出的。它们是迈克尔·法拉第（Michael Faraday，1791—1867）在伦敦皇家研究院进行的针对电和磁的先驱性实验研究成果的数学版本。这些方程证明了"正方形的"电与"正六边形的"磁之间的相互关系，并使它们可以作为"立方体的"电磁学统一起来。至于该如何具象化地理解这种统一，就像我将在第八章更详细地解释的，一条线索是要意识到，根据狭义相对论，移动所带来的结果就是使你以为是空间的东西向成为时间的方向旋转；反之亦然。你移动得越快，旋转幅度就越大，一开始看起来像"电"的立方体的正方形底面看起来就越来越像"磁"的正六边形形状；反之亦然。

麦克斯韦方程实质上是对统一起来的电学和磁学定律的一个总结，因此一旦我们知道了这些方程是从何而来的，也就知道了这些定律是从何而来的。

* * *

在18世纪晚期，意大利数学家约瑟夫-路易斯·拉格朗日（Joseph-Louis Lagrange，1736—1813，他一直以这个名字广为人知，但他出生时的名字是Guiseppe Lodovico Lagrangia，由于长期旅居巴黎，所以他的名字变成了法语化的形式）给出了牛顿力学的一套特别优雅的版本，用这套牛顿力学去发展我们正在寻找的运动方程，直到今天仍然是再合适不过的。拉格朗日的运算程序要用到一些带有约束的猜测。首先，你需要在各种技术性考虑——我不需要去深入讨论这些考虑——的约束下提出一个数学函数，这个函数被恰如其分地叫作"拉格朗日函数"。要写下一个拉格朗日函数有各种规则，其中之一是，用拉格朗日函数来估算作用量，当作用量相对于两点间的路径取最小值时，得到的表达式就是运动的实验验证方程，在本案例中也就是在法拉第启发下建立的麦克斯韦方程。如果作用量最小的方程与已知运动定律不一致，关于拉格朗日函数形式的猜测就是错的，那么就需要回到起点重新开始，如此这般，直到得到麦克斯韦方程。

结果证明，如果把拉格朗日函数按照波的形式来表示，且这个波与它所描述的电磁场之间有一个特定的联系，那么这一连串步骤就能够实现：**写出拉格朗日函数→求作用量→求作用量最小值→列出麦克斯韦方程→用法拉第实验提供验证**。重点是下面这句话：我们可以沿着这个波的飞行线路自由地前后移动这个波（也就是说，改变它的规范），但是因为从这个变化中不会产生任何物理效应，因此拉格朗日函数是不能变的，否则这个波的运动方程，即麦克斯韦方程，将不再与观测保持一致。这就是说，拉格朗日函数必须是全局规范不变的。

现在是时候让诺特和拉格朗日结成天作之合了。从第二章中，你会回忆到，诺特识别出了对称与守恒之间的关系。全局规范不变性是一种对称性，因此一定有一条与此相关的守恒律。这条定律后来被证明是**电荷守恒**定律。也就是说，电荷既不能被创造，也不能被消灭。

关于这种守恒关系是怎样从全局规范不变性中冒出来的，我可以给你一点儿暗示。考虑一个透明的小立方体，内嵌在波所占据的区域中。当波被推着往前走一点儿（它的全局规范也在每个地方都变化了同样的量），一些波穿过立方体的一个面流入立方体，而另一些则从对面流出去。由于拉格朗日函数在这个区域中是不变的（无论这个区域位于什么地方，就算它遍布整个空间也一样），因此流入量和流出量之间如果有任何的不匹配，都必须通过立方体内振幅的创生与湮灭来获得补偿。这就是"连续性方程"的标准解释，这个方程是下述文字陈述的数学形式，即通过一个区域外表面的电的净流量必须等于该区域内电荷创生或破坏的变化速率。也就是说，电荷守恒。[49]

关于这个讨论，我还想再往前多走两步。第一，我认为以下观点是可以论证的，当宇宙"嘭"的一声突然出现，还没有太多的事发生的时候，对各种波的相位（它们波峰的相对位置）是不存在一个预先的选择的，而到适当的时候我们会发现，这些相位正是电磁学的基础。也就是说，在人类邂逅描述电磁学的方程的时候，他们并没有遇到要识别和接受一种特定规范的压力：用任何规范都会一样地好使。换句话说，宇宙开始之初的无为导致了电磁学方程是全局规范不变的，而这又决定了电荷是守恒的。

我要谈的第二点是以下这个问题。如果电荷守恒是由创世时的无为导致的，且只要是宇宙曾经有过的东西，就会一直有下去，并会一直将有，那么人们自然而然地就要问以下两个问题：宇宙中有多少电荷，以及，电荷是怎么从绝对的无中突现出来的？

对于这两个问题中的一个，我们可以十分确信地回答。宇宙的净电荷是零——宇宙中当然有很多的正电荷（想想宇宙中的所有原子核）和很多的负电荷（想想宇宙中的所有电子），但它们相互抵消了——总电荷是零。我们知道电荷相互抵消，是因为电荷间相互作用的强度远远高于物质间的引力作用，因此即便电荷有哪怕一丁点儿的不平衡，都会导致宇宙在它刚一形成的时候就被炸得四分五裂，徒留引力在一边干着急，完全使不上劲儿，无法坚持把整个宇宙聚拢在一起。我们不得不得出结论，尽管宇宙中存在众多大小相等、电性相反的电荷，但二者的数量是相同的。由此导致的推论是，电荷不一定要从——最初并不存在电荷的——"无"中创生出来。对于"无"而言，全部必须发生的只有一件事，就是由它分裂出电性上截然相反的两种电荷。

现在，我对这件事是如何发生的还完全摸不着头脑，不过在我看来，为"无"如何分裂成两种相反电荷提供解说，这个任务在概念上（也许也在实践上）还是远比解释电荷的实际创生要简单得多。毕竟，理解一堆土和一个洞比理解单独的一堆土要容易。"无"分裂成电性相反的电荷的过程早晚有一天一定要得到解释，但达成这一点可能还是比找出实际创生两种电荷的机制要容易些。

＊ ＊ ＊

还有另一个非常有趣，也许是令人吃惊的观点。假设我们不做将整列波作为一个整体移动的全局规范变换，而是做一个**局域**规范变换，即波的相移在波长的每一点上都不同。也就是说，波峰在这一点上向前移动一点儿，在另一点上向后移动一点儿。你可以在脑子里想象一列波，它以一种局域性的，而不是均匀的、全局性的方式，被抻长压扁，揉作一团。

如果波仍然要描述相同的物理事实，那么薛定谔方程必须看起来是相同的。但是除非你非常小心，否则这是做不到的，因为波峰上的相位变换会引入额外的项。不过，这个额外的项可以通过修改薛定谔方程，增加一个代表新的能量贡献的项而被消除。这意味着，波峰的相位变换影响了初始状态的能量，但新加入的项把能量上的变化给削减掉了（还要做几项其他的技术处理，以确保波代表的是一个实际的能量状态）。[50]通过检验新方程的形式，可以得到一个惊人的结论：方程中新加入的项代表的是一个电磁场效应。也就是说，薛定谔方程局域规范不变（即方程对系统性质的描写在波的局域修正下保持相同）的要求暗示了电磁学以及由麦克斯韦指出的电磁学方程的存在。从对称性中突现出了电磁学及其定律，就本案例而言，是从局域规范对称性中突现出来的。

你可能能够看出这件事与创世时突现自然律的过程产生联系的地方在哪儿。假设没有太多的事发生（像往常一样，我其实是想说"根本没有"，但就目前而言还不大有把握），随着宇宙悄无声息地开始存在，绝对的一无所有的均匀性得到了保留。然而现在，"无"的均匀性是以一种比仅仅造成一个均匀时空微妙得多的方式被保留下来的。它现在被保留的方式是与空间和时间的内部工作原理相对应的，这一工作原理就是局域规范不变性。

就这样，无为导致了电磁学。我现在所说的电磁学，指的是迈克尔·法拉第在皇家研究院的地下室实验室里发现的全部东西，以及詹姆斯·克拉克·麦克斯韦对这些发现的数学化，还有因为他认识到光是一种电磁波，从而得出的各种光学定律。完全的无为很少曾取得如此之大的成就，包括它所导致的体现在通信、计算、运输、工业、商业、娱乐以及生活中各种不一而足的舒适，等等方面的如此之多的现代文明特质。

* * *

为什么要止步于电磁学呢？毕竟，我们已经知道了，在大自然中发挥作用的力有好几种。电荷通过静电力相互作用，移动的静电力则通过磁力相互作用。麦克斯韦的工作表明，这两种力是统一的"电磁"力的不同表现形式，并且我们已经看到了，它们是从某种特定类型的局域规范不变性中突现出来的。而所谓的"弱力"——之所以这样称呼它，是因为在宇宙当前的条件下它实在比电磁力弱太多了——则在某些类型的核衰变中发挥着作用，它把基本粒子从原子核上撬下来，并最终以辐射形式从原子核中甩出去。

还有一种"强力"，它以强大到足以克服电磁力的力量将某些基本粒子的各个组成部分束缚到一起（由此得到了它不怎么激动人心的名字），如果不是它，这些组成部分早就在电磁力的推斥作用下被撕得四分五裂了。这也就是为什么尽管电磁力的可怕力量威胁着要破坏原子核，但原子核还是能够继续存在的原因，因为强力把电磁力克服了，只是在作为背景的微弱的弱力反复纠缠，并可能偶尔一次战胜强力的情况下，原子核才会发生衰变。各种各样不同种类原子核的存在全都是拜强力所赐。由于这些原子核带有正电荷，且相反的电荷相互吸引，因此原子核会捕获电子，使得呈电中性的

150

原子出现。这些被捕获的电子只能十分微弱地依附在母核身边，仅需要十分温和的撞击就能把它们剥除掉，由此就产生了化学，通过化学又产生了生物学，通过生物学产生了动物学，通过动物学产生了社会学，通过社会学产生了文明。最后还有引力，也许是所有力中最微妙的力，正是它，如此微弱，却又无所不在地把宇宙万物束缚到一起，从而导致了星系、恒星、太阳系、行星以及人类生活后来的获得与成就。

所有这些力（也许还有其他还没识别出来的力）解释了存在的方方面面、现实世界的框架结构、存在的复杂性。这些东西都可以被表示成从局域规范不变性中产生的，也因此可以被表示成无为的后果。但是必须承认，这种观点还存在几个严重的问题。

其中一个困难已经被克服了。引发电磁学的局域规范不变性是一种非常简单、很容易具象化的局域规范不变性：就是拿过一列波来，在普通的三维空间中把它揉成一团。出于技术上的理由，这种揉搓被认为是"阿贝尔"规范变换的一个例子。尼尔斯·阿贝尔（Niels Abel，1802—1829，因肺结核而英年早逝）是一位挪威数学家，他做过很多重要工作，其中之一是研究对称变换，即无论以何种次序被执行（例如左旋、反射，然后右旋），最后都得到相同结果的变换。而要表明弱力与强力是因不同种类的局域规范不变性而产生的，所需要的揉搓是非阿贝尔的。也就是说，在做这个揉搓的时候需要考虑的变换是依赖于过程执行的次序的。这使得处理它们要棘手得多。然而，克服更棘手问题的奖赏之一就是，你能获得更多的财富。斯蒂芬·温伯格（Stephen Weinberg，1933—2021）和阿卜杜斯·萨拉姆（Abdus Salam，1926—1996）找到了展示无为是如何导致弱力的，并同时展示弱力是如何从与电磁力相同的根源中滋生出来的（因此它现在被称为"电弱力"）所需的合适的非阿贝尔局域规范变换，这项成就十分公正地为他们赢得了诺贝尔奖（1979年）。

隐藏在引力背后的规范不变性仍然有待发现，因此我的憧憬——一个很多理论物理学家所共同分享的憧憬，或至少是希望——很可能会继续杳如黄鹤。

* * *

让我再次总结一下我们说到过的地方。在本章中，我介绍了可能作为电磁力起源的东西——它最初被分成电力和磁力，但通过（在一个更高的维度上）后退一步观察，人们最终揭示了它们是一个单一的力的不同表现形式。随着我们对空间进行更仔细的观察，并利用对称性发现，通过揉搓来改变物质波的波形对大自然毫无影响——这在技术上称为"规范不变性"，而电和磁可以被认为就是从这种不变性中产生的，从而，电与磁的各个方面就突现出来了。也就是说，空无一物的空间最终被证明比它第一眼看上去的更加错综和微妙，它从它的父辈"无属性"身上继承的均匀性已经超出了视觉的感知范围，是不可见的。在那里，这种均匀性导致了束缚力和破坏力的产生，并最终导致了这个世界令人惊叹的工作原理。

八、量尺子的尺子①：基本常数的起源

基本常数，如光速（$c = 2.998 \times 10^8$ 米/秒）、普朗克常数（$h = 6.626 \times 10^{-34}$ 焦·秒）、玻尔兹曼常数（$k = 1.381 \times 10^{-23}$ 焦耳/开尔文），以及基本电荷（$e = 1.602 \times 10^{-19}$ 库仑）这样的量，在自然律发挥作用的过程中扮演着非凡的角色。在定律有效下达指令、规定了在给定各种参数（如质量和电荷）的情况下自然过程该如何运作以后，基本常数将决定所导致的变化的大小。例如，我们称之为狭义相对论的自然律暗示，当人们以更快的速度前进时，空间与时间会混合到一起；而光速决定了相对于一个给定的前进速度，这种混合会达到什么样的程度。电磁学定律暗示，静电场会使带电粒子发生偏转，而基本电荷决定了对于给定的场强，带电粒子的偏转程

---

① 原题 Measure for Measure，出自《圣经·马太福音》中的名言："因为你们怎样论断人，也必怎样被论断。你们用什么量器量给人，也必用什么量器量给你们。"莎士比亚有同名剧作，中文通译为《一报还一报》。

度。一个振子，比如一个连在弹簧上的物块或一个单摆，按照量子力学定律，其能量值会像爬梯子一样一级一级上升，而普朗克常数负责告诉我们这架梯子的梯磴间隔有多宽：如果它是零的话，梯磴之间就不存在间隙，振子的能量也就能够连续上升了；而现实中，普朗克常数是如此之小（数量级为 10^{-34}），这暗示着这些梯磴相互靠近到了让我们在日常的单摆和弹簧振子中察觉不到能级间隔存在的程度。但它就那儿。

关于我们拥有当前的基本常数取值是多么走运这件事，已经有过一大堆相关讨论了，因为据论证，即便这些常数的值只偏离一丁点儿，也会带来灾难性的后果，导致宇宙中无法突现出生命、意识，更不用说突现出为基本常数的取值看上去为何如此面善而感到惊奇的能力了。如果这些值出现哪怕十分微小的不同，恒星就不可能形成，或者它们形成了，但由于燃烧过快，使生命来不及演化，等等。

在我看来，基本常数分成两类：不存在的和存在的。正如你可能怀疑的，不存在的基本常数的值比存在的基本常数的值要好解释得多。前者本质上是由人类在贯穿其整个智识史的历程中，所做的各种合乎情理但根本上不够恰当的选择所致，这种选择是关于应该如何测量并记录事物大小的选择（例如用米来测量长度，用秒来测量时间）。而后者，则是真的在以一种基本的方式存在着，因此是真正基本的常数，它们是耦合常数，概括了实体间相互作用的强度，如电荷间力

155

的强度、电荷与电磁场相互作用的强度，以及把基本粒子束缚在一起形成我们称之为原子核结构的核力的强度。这些常数中也包括万有引力常数（$G = 6.673 \times 10^{-11}$焦耳米/平方千克），它具体规定了一个有质量的物体产生的引力场的强度，从而确立了行星绕恒星公转的轨道，影响着星系的形成，也决定着苹果下落的加速度。

虽然基本常数都是带着单位的，比如光速就是好多好多米/秒，但其实它们是不应该有单位的。换句话说，不存在的基本常数的值全都是1（也就是说，$c = 1$，而不是$c = 2.998 \times 10^{8}$米/秒），而存在的基本常数也最好以能够让它们没有单位的方式表达。就像我下面将要解释的，对于值为$e = 1.602 \times 10^{-19}$库仑的基本电荷，最好把它表示成值为1/137的形式。其他实际的基本常数也最好都用类似方法表示为一些其他的各种纯数。正如很快就能一目了然的，我想我可以解释1这个值，但却解释不了像1/137这样的值。目前，对于像1/137这样的数字是从哪儿冒出来的，我们真的毫无头绪，我不会假装比任何其他人知道得多一点儿。这是一个耻辱，因为正是这些数字控制着我们的存在，控制着我们产生如下想法：假使1/137当初被证明其实是1/136或1/138，那可能就不会有我们在这儿了解这件事了。

我需要更具体地解释一下上面这些说法，这样你就能看出我在想什么以及我为什么认为基本常数分成两类了。我不会逐一讨论全部的基本常数（重要的基本常数大约有一打，还有几个被认为具有同等价值的数字组合）。我会只选择少数几个我认为真正基本的，讨论它们的起源。

* * *

我将从可能是所有基本常数中最重要的一个开始——光速，c（来自拉丁语**快速**celeritas一词）。之所以我认为它够得上这个等级，是因为尽管它不存在，但它还是控制着时空的结构——一切活动的舞台。

空间并不仅仅是眼睛看起来的那样。艾萨克·牛顿（Isaac Newton，旧历1642—1726[①]），更不用说还有勒

---

① 中世纪欧洲通行的历法是古罗马时期制定的儒略历，经过一千多年的使用，到16世纪时，儒略历已积累了严重的误差。因此1582年罗马天主教教皇格里高利主持历法改革，制定了现行的公历，也称格里高利历或新历，而相应地，原来使用的儒略历也被通称为旧历。与儒略历相比，格里高利历不仅采用了更精确的置闰规则，而且将日期往后推了十天（18世纪以后差距增加到十一天，并且还在继续增加），即儒略历的1月1日，对应格里高利历的1月11日。由于格里高利历颁行时恰逢欧洲宗教改革运动期间，除仍忠于罗马教廷的天主教国家都很快改用了新历以外，已经公开宣布与罗马教廷决裂的新教国家，以及东正教的俄罗斯等国，都继续沿用儒略历。作为与罗马教廷针锋相对的新教国家，英国一直沿用儒略历到1752年，而俄罗斯一直沿用儒略历到十月革命后（也正因为如此，发生在儒略历10月底的十月革命按照新历计算实际上发生在公历11月初）。除了采用儒略历以外，英国还从12世纪开始沿用一种与众不同的岁首制度，以每年3月25日为岁首，3月24日为前一年的最后一日（如1642年3月24日之后紧跟着是1643年3月25日，由于欧洲语言中每

内·笛卡尔（René Descartes，1596—1650）和非凡的古代先贤亚里士多德（Aristotle，公元前384—前322）——他既启发了思想，也窒息了思想——还有我们自己，全都在匆匆一瞥之下，看到空间是三维的。阿尔伯特·爱因斯坦（Albert Einstein，1879—1955），站在其他一些人肩膀上，改变了这一切。他的狭义相对论（发表于1905年，他的"奇迹年"，不过更多的荣耀要等"狭义"演化到更匪夷所思的"广义"以后才会到来）要让你接受，空间是与时间缠绕在一起的，你所认为的空间和你所认为的时间不应该被当作是各自独立的，而是应该被看成一个单一舞台——也就是时空——的组成部分。这个理论带来了很多让人不舒服的东西，以及对看似安全的东西的颠覆，因为这样一来你就不得不接受，你所认为的空间和时间可能并不是你旁边的人认为的相同的东西。如果这个旁边的人在移动（大部分旁边的人都在移动，即便他们只是在散步、开车或乘坐火箭从你面前闪过），他们对时空的哪个组成部分是空间，哪个组成部分

个月都是独立命名的，而不是像中国习惯的按数字顺序排列，因此采用不同的岁首并不影响原有的月份排列），这一制度同样沿用到1752年。另外大约从17世纪开始，受欧洲其他国家普遍以1月1日为岁首的文化影响，英国的档案记录上经常采用一种双重日期标记法，对每年1月1日到3月24日的八十多个日期同时标记欧洲通行纪年和英国法定纪年，形如1642/3或1642/43。牛顿生于英国旧历1642年12月25日圣诞节，死于1726/27年3月20日（即旧历1726年底），折算为公历分别为1643年1月4日和1727年3月31日。但牛顿本人似乎特别痴迷于自己生于圣诞节这种说法。

又是时间，都有不同的感知。

这种感知完全取决于你移动得有多快。如果你我都站着不动，那么你我认为的空间和时间就完全是：空间和时间。但是假设你在移动（在走路、开车或坐火箭），那么你的感知会以一种匪夷所思的方式发生改变：时间向空间旋转，空间也向时间旋转。你完全可以断言，某个静止的东西在一个你认为是"空间"的坐标上有一个固定的位置。但是我，作为一个从旁边走过的人，对空间和时间的感知是不同的，我不再同意你对一个事件的空间和时间定位。作为观测者，我相对于你走得越快，我感知到的时间向我感知到的空间旋转得就越厉害，反之亦然。我们每个人，在日常活动中，都在以不同的方式感知空间和时间：你的空间不是我的空间，你的时间也不是我的时间（除非我们以完全相同的速度移动，包括坐着不动）。这些差异只有当我们的相对速度非常高，接近光速时，才会显现出来。谢天谢地，若非如此，可能科学与人类社会就全都无法出现了。然而，事实是，现实世界的框架结构就是如此，对于我们每个人而言，时空的解析方式都是不同的，如何解析依赖于我们的相对运动状态（这种理论因此被称为"相对论"）。

现在我们可以回到光速所起的作用上来了。为什么信息传播的速度是有限的——根据狭义相对论，它不可能超过 c——这有时被认为是一个谜。为什么会有这样一个限制？会不会存在一种黏滞阻力，就像决定在黏性介质中下沉的小球的自由沉降速度的那种？空间是黏性的吗，光速是信息在空间中下沉的自由沉降速度吗？不：答案比这深刻得多，也因此简单得多。光速就是让你感知到的时间完全旋转到看起来仿佛是空间的程度所需要的前进速度。光速之所以是速度的极限，仅仅就是因为不存在可供进一步旋转的余地。并不存在什么像作用在穿过空间的信息上的黏滞阻力这样的东西：速度的有限性是我们对空间和时间本身的感知的一个特征。

但是为什么光速有它独特的数值（确切来说是299792458米/秒，约合10.8亿千米/小时）？答案在于人类的官僚主义文化人为制造的一个麻烦，一言以蔽之，就是这样一个事实：根据约定，我们以米而不是秒来测量长度。第一次定义米的时候，人们提出过各种各样的建议（当时是1790年，正是发起这项工作的法国人民革命热情高涨，打算把差不多每件东西——包括贵族阶层——都给合理化了的时候）。早期的一个建议是用一根子午线从北极到赤道距离的一千万分之一来定义它，这根子午线，出于外交而不是合理性的考虑，被选择放在巴黎与华盛顿，两个年轻国家首都之间大约正中间的位置，因此一无是处地从海里开始，在海里结束。人们于是把妥协扔到了一边，把子午线的选择换成了穿过巴黎的那一条。一根金属杆随后被铸造出来，以便让这个最终的标准能够被公之于众，并被更加广泛、便捷地使用。

那以后，考虑到地球实际上存在膨胀和收缩，[1]从而导致基准距离不是恒定的，并因此在原则上也并不等于1米，米的定义已经换成了一种更精确的且不会改变的东西。[2]现在米被定义为光在1秒钟内（在真空中）走过距离的1/299792458。因此也就是说所有长度测量实际上都是时间测量。例如，一个身高1.7米的人可以被记为高1.7/299792458秒，或5.7纳秒。虽然光在1秒内会走299792458米，但是我们可以把它报成是299792458/299792458秒，或1秒。那么光速是多少呢？如果它在1秒钟内走过1秒，它的速度（距离除以时间）就是1。没有单位——就是1。如果你坐在一辆以100千米/小时（即28米/秒）的速度行驶的汽车里，你应该算得出来你的速度实

---

①　法国地质学家德博蒙于1829年提出了地球收缩假说，用来解释褶皱、山脉等地质构造的形成。这一假说在19世纪中后期被其他地质学家发展，一度非常流行。到20世纪30年代，一些地质学家根据更新的地质学证据，又提出了地球膨胀假说，以反驳地球收缩说。结合目前地质、考古、航天测控和行星物理学等多学科综合研究的成果，现在科学界普遍认为地球是一个处于不断的膨胀和收缩中的动态的天体，太阳、月球等太阳系内天体的引力，来自遥远天体的引力波，以及地核内部的热运动，都对地球的脉动有所影响。

②　实际上在19世纪中叶，随着大地测量技术的发展，在没有考虑地球尺寸变化问题的情况下，人们已经意识到18世纪末由法国主导的用于定义米制的大地测量结果本身并不准确。因此1889年第一届国际计量大会决定放弃子午线标准，改为直接以现有的国际米原器作为米的定义。后来，由于原器米标准被认为人为因素过强，且国际米原器存在易损，会受测量时的温度、气压等因素影响而出现误差等缺点，1927年第七届国际计量大会宣布改用自然基准来定义米，最初采用的是某些金属同位素的特征光谱的波长。随着20世纪后半叶光速测量精度的不断提高，1983年第十七届国际计量大会宣布改用现行基准，即光在一秒钟内走过距离的若干分之一。

际上仅有 0.000000093。在如此缓慢的速度下，很明显，你可以忽略相对论效应，确信你的空间并没有旋转成类似于时间的样子（与我估算的你坐着火箭闪过的时候相比），并且对于两个事件是否是同时发生的，至少在合理的精度范围内，我们应该不会有争议。

我希望你现在可以接受 $c=1$。直到现在你一直认为应该表示成很多米每秒的东西，结果被证明是一种历史的偶然：出于完全可以理解且合情合理的原因，公民社会采用了不同的单位来测量距离与时间。如果采用相同的单位来测量它们，一个具有深刻重要性的基本常数就会事实性地消失。从现在起，只要是我提到传统上用米来测量的长度 L 的时候，我都会把它标记为 $L^{\dagger}$，匕首表示米已经是冢中枯骨了，从今以后长度要用秒来计算。所有速度现在都失去了它们的单位，变成了纯数字。

* * *

我猜你可能想知道其他兔子是否也能被塞回帽子里。[①] 比

---

① 作者用"兔子"暗喻基本常数，"其他兔子是否也能被塞回帽子里"指其他基本常数是否也能像光速 c 一样被消除。本书的英文原题"CONJURING THE UNIVERSE"直译就是从帽子里变出宇宙（动词 conjure 的本义就是魔术师从帽子里变出兔子的动作），本句是对书名的呼应。

如可能是第二重要的基本常数，普朗克常数h，它会怎么样？正如光速实质上把相对论引入了科学，普朗克常数实际所起的作用是把量子力学引入了科学，因此在文化上它们具有相似的效力。消失的c遍及所有狭义相对论公式。那么有没有可能存在这样的情况：h——这个出现在所有量子论公式中的常数——也仅仅是因为某一种属性在历史上使用了方便但从根本上说不合适的单位来计量而产生的，因此应该消失呢？

德国物理学家马克斯·普朗克（Max Planck，1858—1947）凭着他认为是绝望之举的工作成为了量子力学的创始人。这种绝望针对的是经典物理学——他理所当然的挚爱——无法很好地解释白炽物体发光颜色研究中被认为是基本问题的内容：从本质上说，为什么红热会随着温度的上升变成白热。经典物理学曾将人们引向一个错误的结论：所有物体，即便它们只是温热的，也全都应该发出白炽光。按照经典物理学，不应该存在黑暗。更有甚者，一个更糟糕的问题是，任何物体，即便只是有一丝热乎气儿，也会用γ射线把乡村田园摧毁殆尽。普朗克的绝望使他在1900年，或之前不久，提出假设：如果某个东西以一个特定的频率振荡，那么它只能一个能量包一个能量包地——这个包也就是"量子"——与世界的其余部分交换能量，包的大小与频率成正比：低频振荡的东西能够以小包交换能量；高频振荡的东西则只能交换大包。经典物理学假设，一个以任意频率振动的振子能够以任意的量交换能量；普朗克的假说假设能量是"量子化的"，或者说一个能量包一个能量包地交换。尽管普朗克看起来恨透了这个与他接受过的所有经典教育都背道而驰的主意（总的来说，爱因斯坦在对量子力学的认识上也有类似困难），但这个简单但革命性的建议成功解释了热物体的颜色，货真价实的，物体在任何温度下的颜色。我们现在知道，它解释了太阳的颜色——其发出光线的表面区域温度大约在5772开尔文上下，它也解释了整个宇宙的颜色——它已经冷却到了可怜的2.7开尔文，但仍然在持续发出这个温度的物体所具有的特征辐射。

在传统物理学中，能量以焦耳（J）来计算。焦耳是一个相当小的单位，但非常适合用于日常讨论。例如，人类的心脏每跳动一次就需要大约1焦耳能量。目前典型的智能手机电池里储存的能量大约在50千焦左右。焦耳是相当晚近才被引入的一个单位，它取代了一大堆早期单位，包括卡路里、尔格以及"英国热量单位"。在19世纪，随着热力学和能量科学的出现，人们典型地以卡路里来计算热量，以尔格来计算功的。

在这儿我们可以用一个类比来引入一个重要的论点。蒸汽机的效率曾经是一个吸引了相当多关注的问题，因此，关于蒸汽机中被提供的热量的卡路里数与所产生的功的尔格数之间的关系，也吸引了相当多的研究兴趣。为了确定"热功当量"，一个可以用来把一种形式能量的测量值转换为另一种的转换系数，人们进行了详尽的实验——直到后来他们才认识到，这是一个基本性程度颇低的常数。然而，尽管这些实验是我们智识进步历程的一个重要组成部分，但从另一种意义上说，它们完全是在浪费时间。如果早期研究者测量热量和功的时候用的是相同的单位，都用卡路里或者都用尔格，那么这个转换系数，这个特殊的基本常数，应该是1。而现在正是这样，两种形式的能量都是用焦耳来计算的（除了在少数孤立的古老活动领域中，比如日常的食品科学）。"热功当量"现在已经变成了历史，或者换句话说，它已经变成了1。

我确信你能看出上述情况与我提出的关于真正基本常数的论证的异曲同工之处，或者至少是关于那几个不存在，或不应该存在的基本常数的部分：为相关联的量选择相同单位，转换系数就会变成1。普朗克常数是应用这种处理方法的候选对象之一。引入它是为了将振子频率与相应的能量包大小，即可转移量子的最小尺寸，关联起来。[51]

下面要做什么现在应该很清楚了。我们去掉焦耳，以频率来计算能量，写作次/秒。只要是我打算以频率来计算能量的时候，我都会把它标记为 $E^{\dagger}$，并用多少次每秒来计算它。它们之间不再需要任何转换系数，正如我们不再需要计算和列出热功当量，或者在决定了以秒来计算距离以后，不再需要计算和列出光速。普朗克常数变成了1。焦耳，就像卡路里和尔格一样，现在成为了历史。乍一看可能会有人觉得，如果 $h=1$，而不是传统上的那个非常小的值，那么可能会为量子力学带来一些深刻的意味：但事实并非如此，等我从传统单位的奥革阿斯牛圈中再冲掉一些东西以后，[①]还会进一步阐述这一点。

这种联系导致的一个阶段性结果是，随着我到目前为止所耍的几个小花招，爱因斯坦公式 $E=mc^2$ 变成了 $E^\dagger=m^\dagger$，而这两个属性都要以频率来计算。非常欢迎你保留 $E^\dagger=m^\dagger c^2$ 的形式，但是要想这样做，你现在必须接受 $c=1$，正如我已经论证过的。而真正的最终结果是，正如你现在可以看到的，因为 $E^\dagger=m^\dagger$，因此能量与质量是相同的。

* * *

如今，几乎每个人（除了在美国，还有缅甸和利比里亚）

---

① 奥革阿斯牛圈的典故出自希腊神话。大力神赫拉克勒斯还是凡人时，为了赎回自己的自由，不得不完成十二项被认为不可能完成的任务，其中之一就是清扫国王奥革阿斯的牛圈。这位国王养了3000头牛，牛圈30年没有清扫，粪便堆积如山。赫拉克勒斯奉命在一日之内独自将牛圈打扫干净。于是他挖掘了一条排水沟，引来附近阿尔弗俄斯和佩纳俄斯河的水。仅一天工夫就冲走了多年积粪，把牛圈清洗得干干净净。后人用奥革阿斯的牛圈比喻极为肮脏、塞满污秽的地方。

都用千克和它的分数（克）或倍数（吨，即1000千克）来表示质量。千克最初被定义为（上溯至18世纪90年代）一定温度下1升水的质量。就像米一样，这个定义遭到改革，并被一个标准千克基准——"国际千克原器"（IPK）取代，这是一个铂铱合金①的圆柱体，保存在巴黎市郊塞夫勒的国际计量局，并有多个副本分布在全世界。不幸的是，即便IPK也不是完全稳定的，因为杂质会从它身上蒸发，空气会渗入它内部，当人们对它进行操作的时候还会造成细微划痕，因此"1千克"所表示的含义是在缓慢变化的。目前的建议是以普朗克常数来定义千克，普朗克常数是一个永恒的常数（就我们所知），因此可以将"1千克"的含义千秋万世地固定下来，并让任何接触过基本常数的人都确切知道它是什么意思。那么这对我们当前的目的有什么意义呢？

让我们采纳这样一种观点，人类在采用千克作为质量量度的时候，以其惯常的夹杂不清的方式犯了一个集体性的但合乎情理的错误。假设一下，如果当时采用的不是千克，而是秒，或者更精确地说，"次/秒"，就像频率一样。如果我们有非比寻常的先见之明，这本来是可以做到的，我们只要不把质量记为 m，而是记为 $m^\dagger = mc^2/h$，以每秒的振荡次数来计算质量。例如，把1千克质量记为 1.4×10^{50} 次/秒。如果你还

---

① 原书把铱（Iridium）错印成了铟（indium）。

在想着自己是一个身材匀称的70千克人类，[①]那么从现在开始，你应该把你的质量考虑成令人气结的9.5×10^{51}次/秒——先用质量乘以光速的平方，把以千克计算的质量转换为以焦耳计算的能量（也就是说，使用$mc^2 = E$），然后用普朗克常数把能量表示为以次每秒计算的频率。"次/秒"这个单位写起来和读起来愈发让人觉得有些冗长；它实际上是"赫兹"（Hz）这个单位的定义，这个单位是以令人扼腕的过早离世的无线电通信先驱海因里希·赫兹（Heinrich Hertz，1857—1894）的名字命名的，1次/秒就是1赫兹。通过采用这套乘以c^2再除以h的程序，你的质量于是就变成了大约9.5×10^{51}赫兹。这种计算质量的方式貌似有点儿傻，但这不是重点。在日常实践中，千克是合理且有用的。尽管如此，我还是试图对计量数据的最一致方式刨根问底，并通过这个过程，以笔为刀，挥向传统单位的咽喉。

＊　＊　＊

我们现在可以看出为什么让$h = 1$对物理世界无关紧要了，因为改了以后，量子力学还是原封不动地保持原样。要证明这一点，其中一个办法是显示薛定谔方程（作为量子力学的

①　现代西方医学研究中普遍把70千克作为假设的"标准人类"体重，用来进行用药量等方面的估算。

主要组成部分之一，我在第三章介绍过它）在 h 被替换成 1 以后仍然保持不变，只是各个字母符号的诠释会有一定变化，但是像薛定谔方程这样复杂的方程都被限定只能潜伏在这本书的阴影部分——注释里。[52] 另一个办法是带你深入到薛定谔方程的基础中。事实证明这是可能的，因为即便是在科学中，基础也从来都要比它们所支撑的大厦更简单。

如果你是一名通勤乘客，那么你已经把量子力学弄懂一半了。"通勤乘客"这个词来自一种常见的做法，即购买"往返"票要比分别购买"往程"票和"返程"票的总价便宜：往返票价就是"通勤的"（来自拉丁语 commutare，"改变、变更"）。换句话说，"返程"票价和"往程"票价不一样（假设你已经为"往程"花了钱）。量子力学区别于经典力学的方式在很大程度上与此相同。类比如下。把"往程"票价变成线性动量乘以位置，"返程"票价变成位置乘以线性动量（注意，次序相反）。这两个"票价"是不一样的，它们之间相差的部分称为位置与线性动量的"对易子"。

铁路公司可以凭着一时兴起而随意调整它的通勤票价。而大自然看起来已经认准了一个特定的对易标准，往返行程中减少的量等于普朗克常数的一个小（但影响深远的）修正。[53] 也就是说，"往程"，也就是线性动量乘以位置，减去"返程"，也就是位置乘以线性动量，结果正比于 h。量子力学与经典力学在预言上的全部不同之处都是从这种"往返"票价的对易中冒出来的，而其中所有定量的方面都源自一个事实，即大自然的董事会允许通勤折扣与普朗克常数成正比。

在传统单位制中，普朗克常数非常之小（但却极其耐人寻味），以至于经典力学的董事会认为不值得为了给通勤者任何折扣而引起行政上的麻烦。他们的观点容易理解。这就像是给单价数万亿英镑的机票打个1便士的折扣。于是，通过这个完全合理的决定，经典力学得以突现。

这个决定可能是合理的，但它也是错误的。大自然实际的董事会一直坚持着维持折扣。作为迄今为止对物质和辐射最成功的数学描述，量子力学与经典力学之间的区别只在于它向通勤者提供折扣，然而这却导致了具有最深刻内涵的结果。正如我指出过的，牛顿及其同时代的人，以及他的直系传人们，对于位置与动量不对易的问题一无所知，并且正是在这种失察的基础上，建立起了他们的理论体系——我们称之为经典力学。以经典力学为基础，一种对天空的理解逐渐发展起来，毕竟，当一个行星那么大的物体围绕太阳转动的时候，有谁会去关心一个如此微小的折扣呢？但是，当科学家们把注意力转向原子中的电子，当"往程"和"返程"的票价本身都非常小的时候，通勤折扣的重要性就十分惊人了。1英镑的票价，折扣就高达50便士——这绝不能被忽视。

那么，把h设定为等于1，而不是小得不能再小的10^{-34}，并且最后还让日常物体继续适用经典力学，这如何可能呢？

这难道不意味着任何日常的位置和动量都有资格享受一个显著的通勤折扣吗？狡猾的立场是，我通过将导致 10^{-34} 的单位束之高阁来避开这个问题。当按照以米计算位置、以千克计算质量、以米/秒计算速度的旧单位制来计算日常位置和动量的值时，它们可能会取十分普通的日常值，但是当按照以秒计算位置、以次/秒的频率来计算质量，而速度根本没有单位的新单位制来表示它们的时候，日常位置与动量的值就会变得非常巨大。顺理成章地，对于一个日常物体而言，位置与动量的乘积在新单位下也会变得非常巨大，比 1 要大得多得多。[54] 按照看待事物的旧方式，位置和动量取日常值，而 h 小到了极点。而按照新方式，取日常值（1）的是 h，位置和动量则大到了极点。最终的结果，也就是折扣可以被忽略这一点，实际是相同的，而这种可忽略性所造成的推论也相同：研究日常物体时不需要量子力学。

这里我得提一下那条澄清人类思想的伟大原理——海森堡的不确定性原理，这条原理是他在 1927 年从动量和位置不对易出发提出的。该原理指出，以任意精度同时知道位置和动量的值是不可能的。量子力学——这让那些在经典传统中成长起来的人（我指的人包括玻尔和爱因斯坦）大为不适——从而揭示了这样一个事实，即当我们试图详细说明一个系统的状态时，必须做出选择。它告诉我们，要么选择一个位置描述，要么选择一个动量描述，这两者中的任何一种都可以以任意精度得到详细说明。但是如果你坚持——鉴于你一直以来习惯的是经典力学下的情况——同时用这两种描述来说话，并坚信只有这样才能让你对世界的描述完整，那么你就会被不确定原理拦住。这条原理隐然指出，这两种描述存在固有的不相容性。如果你不能摆脱你作为一位经典物理学家的思维习惯，那么就会被引向这样一种观点，即量子力学不允许对大自然进行完整描述。然而，一个积极得多的观点是，经典力学的践行者们所认为的"完整"，事实上是无法达到的过度完整。量子力学告诉我们，同时使用两种描述会导致描述的不一致。这有一点儿像用一种语言开始一个句子，然后用另一种语言结束它。你必须选择你的语言，否则你发的短信就会让人无法理解，你的对话者，就这个案例而言也就是宇宙，将只会看着你，一脸茫然。量子力学摈弃了这种由常识带来的错误，接受了完整性是以一种语言或另一种语言——位置或动量——的方式存在的，而不是同时以两种方式存在。一旦接受了这一点，对宇宙的描述就简化了（但仍然不简单）。这就是为什么我认为不确定性原理是一条澄清人类思想的伟大原理。

* * *

我已经干掉了 c 和 h ——相对论和量子力学中起枢要作用的基本常数。那么在这座坟场里还有其他基本常数的位置吗？如果我想找一个在热力学中起事实上的枢要作用的最重要的单一基本常数，那么我会选择玻尔兹曼常数 k。它出现在我在第五章赞美过的至关重要的玻尔兹曼分布中，并作为玻尔兹曼熵定义的一部分被镌刻在那位物理学家的墓碑上，它以伪装的形式颠覆性地在整个热力学中现身（在不同的实体中表现为不同形式，比如在讨论气体问题时，以气体常数的面貌出现）。然而，它完全是不必要的，我们可以把它消灭并埋葬掉，所用的论证和我用来干掉 c 和 h 的没什么不同。

这个误会，还是那句话，一个明智的、可理解的、值得赞美的误会，要追溯到摄尔修斯和华伦海特，我在第四章介绍过，他们是早期温标的发明者，而开尔文引入的那种看似更自然的绝对温标则进一步导致了问题的恶化。首先，你得认识到，这三种温标都没抵抗住传统的诱惑，也许其中摄尔修斯接受的诱惑最少。在我们当前的世界中，三种温标都规定越热的物体温度越高。但正如我提到过的，摄尔修斯一开始曾反其道而行之，按照他最初的温标，越热的物体温度是越低的。我认为他无意中走了一条正确的路，因为从各个方面看，我都认为就热力学最基本的层面而言，"越热温度越低"才更自然，下面我会解释这一点。不过这三种温标，都犯了同一个错误，那就是引入了一个新的计量单位（度，以及之后的开尔文 K）来计算温度，就像引入米来测量长度而不是用秒一样，同样导致了不必要的混淆，并且随着科学的逐渐成熟，这种混淆变得愈发明显。在后一种情况中，你已经看到了，如果用秒来测量长度，那么就不需要引入基本常数 c，即光速。类似地，我将论证如果用与能量相同的单位来计算温度，那么就不需要引入玻尔兹曼常数。

　　显然我有很多事需要解释。玻尔兹曼常数，也就是多少焦耳/开尔文，可以被认为是把开尔文转换成焦耳的一种办法。如果你已经同意用焦耳来计算温度了，那么也就不需要把它转换为这些单位了。此外，如果以开尔文计算的温度和以焦耳计算的温度之间存在一种一致性关系，那么在改变单位时就不会出现任何歧义。可能你最后会得到一些陌生的有趣数字，但陌生的趣味性并不包括在判断其是否在科学上可接受的标准之内（尽管在奉行实用主义的日常世界中它可能是）。例如，在目前人们接受的玻尔兹曼常数值下，20℃（293 开尔文）的温度将被计作4.0仄焦（Zeptojoules，仄是一个也许有些陌生但很有用的前缀，代表10^{-21}），水的沸点则是5.2仄焦。

　　如果你同意用焦耳（或它的若干分之一，如仄焦）来计算温度，那么我们温度计上的刻度就必须以焦耳或多少分之一焦来标注，目前摄氏温标下的每一度就会变成0.0138仄焦。一旦你这样做了，那么就再也不需要在任何表达式中调用玻尔兹曼常数了。事实上，如果你坚持使用你在现有教科书中遇到的方程，那么无论 k 出现在什么地方，你都应该把它的值归为1。现在k已经走上了与c和h相同的路。它是一个多余的基本常数，它之所以出现，只是因为早期科学家们被合理的日常实践给带偏了，引入了一个新的但不必要的单位来测量温度。[55]

但是我之前说摄尔修斯最初犯的错误比华伦海特和开尔文更少，以及最好把温度想成是以一种陌生的方式随着物体变热而下降的，又是什么意思呢？在这里，我脑子里想着的是这样一个事实，即在热力学中，尤其是在它的表兄"统计热力学"中——这个学科使个体与群体之间、单个分子与物质团块之间得以建立起联系——有很多表达式，如果用温度的**倒数**来书写（也就是说，用$1/T$而不是T来写，而非简单地把0和100调换个位置），那么式子会变得令人叹为观止地简单。数学似乎在向我们大声疾呼，一种自然的温标，它的标度不应该只是被简单地颠倒过来，而是应该把每个刻度都倒过来。我们已经把温度用仄焦来计算了，那么它的倒数可以计作"每仄焦"。这样（我留了一道小小的算术题给你），水的沸点就是0.19每仄焦，而它的冰点则会是更高的0.27每仄焦。

从现在开始，我会把所有温度都倒过来，按照多少多少"每仄焦"来表示，并用字母$\mathcal{T}$（读作T划）来代表新定义的温度。鉴于我禁止自己在除了注释的安全空间之外的地方引用任何公式——不过我确实建议你去注释里看看[56]——你将不

175

得不接受我所说的，即从统计热力学里随便选一个公式出来，用F代替T，公式都会变得看起来——实际上也是——更简单。不过这种置换绝不只是外观上的。

每个人（好吧，几乎每个人）都知道达到绝对零度是不可能的。热力学第三定律采用了更加精致的、科学上可接受的术语来表达这种不可到达性，加上了"在有限的步骤内"，和一些更多的限定，但主要的意思还是一样。这看起来可能有点儿怪，$T=0$，开氏温标的底端，无法在有限的步骤内到达。但$T=0$对应的是$F=\infty$，在有限的步骤内无法到达无限的F，这样说人们在心理上可能就不会有太多拒斥感了。

更深层次的简化来自于对各种统计热力学方程的探究。虽然负绝对温度（像$-100K$这样的温度）在一般的热力学中是无意义的（它们就像负长度：一个东西无法长-1米），但是鼓捣鼓捣统计热力学方程，看看允许温度跌到零以下，变成负数，甚至变成负无穷的时候，各种属性（例如熵）会发生什么变化，也算不上什么错。例如，你可以从注释6中随便选择一个公式，看看插入一个取负值的温度时会发生什么。典型的情况是，一旦你这样做了，麻烦就会接踵而至，很多属性值会在温度经过0点的时候显示出突然的跳跃，或发散为无穷大。但如果把同样的属性用F来标定，这些跳跃和发散就会全部消失，所有属性都会以平滑的方式变化。F驯服各种属性的这一事实强烈暗示（也仅仅是暗示），F是比T更基本的温度测量基准。但是，我现在将要论证，它还不够基本：它还没有触及基本性的谷底。

我很肯定，你正在发现从最近几章里突现出的一种模式，那就是每件事，只要表示成秒的形式（时间和距离）或表示成以"每秒"计算的频率的形式（能量），就都会得到简化。你也看到了，倒数温度 $\mathcal{F}$ 是一个能量的倒数，计作"每仄焦"。现在注意，我们可以把这个能量的倒数转写成"每秒"的倒数，简单说也就是秒。[57] 这样 20℃ 就会变成 0.16 皮秒（皮是代表 10^{-12} 的前缀），水的冰点是 0.18 皮秒，沸点是 0.13 皮秒。

到了这一步，相对论、量子力学和热力学的三个基本常数 c、h 和 k 都已经变成多余的了。换句话说，如果你坚持使用包含它们的方程（如 $E=mc^2$），并选择用相关单位（如秒或者它的变体）来表示其中的属性（如 E 和 m），那么你就必须把每个基本常数都设定成 1，而关于它们的起源，已经不再有什么未解之谜了。[58]

* * *

我现在离开这些我可以解释的不存在的基本常数，开始转向那些真实存在而我却无法解释的常数。我要提到的这种常数只有两个，但是在这个目前无法解释之物的潘多拉魔盒中还潜伏着很多其他的。我要提到的这两个常数都是耦合常数，它们分别控制着两种不同相互作用的强度。

我已经提到过基本电荷 e 了，它表示着电磁相互作用的强度，如两个电荷间吸引力的强度和一个电子（携带电荷为 $-e$）与一个电场间——比如在无线电波中——相互作用的强度。这个基本常数的大小影响着原子中电子与原子核间相互作用的强度，从而影响着原子的大小和属性、原子间化合键的强度，进而影响着化合物的形成，它还影响着原子、分子中以及电磁场中电子相互作用的强度，因此也会影响材料的颜色和这些颜色的强度。它在原子核内部也起着重要作用，因为原子核内部带正电的质子间会发生强烈的相互排斥。

还是那句话，最好还是把基本电荷的数值与人类搞出来的单位分开，用纯数字来表示它。无论什么时候，当你看到附在一个常数后面的单位的时候，你都没法确定它的大小：是相对于什么的大或者小呢？在这个案例中，基本电荷通常会被裹挟在其他基本常数中，产生一个无量纲数——"精细结构常数"，α（阿尔法），之所以这样称呼它，因为它是为了解释氢原子光谱的某些结构细节而被引入的。我之前提到过它的值，即 1/137。[59] α 如此之小，反映了电磁相互作用是非常微弱的（相对于在原子核内部起作用的强力），正因为如此，分子——它们是靠电磁相互作用结合起来的——的可塑性要比原子核强得多，它们可以在化学反应中被撕碎，重新组合。

如果α接近1，那么就不会存在化学了，如果它们还存在的话，分子的大小会像原子核一样，而生命（一种反应过程高度复杂的化学反应）将不会突现出来。宇宙将了无生趣。

至今都没有人知道α的值为什么是1/137。一种设想是，所有力的强度曾经都是一样的，但随着宇宙的膨胀和冷却，它们的强度出现了分化，于是1/137作为其中一种力的强度突现了出来。这个值，我推测，只要等到一种关于宇宙起源、结构和演化的更全面的理论建立起来以后，就会得到解释，但就目前而言它为什么取这个值还是一个谜。这并不是说不会有人想出各种方法来把像π和$\sqrt{2}$这样的数字凑在一起，试图凑出精细结构常数，事实上其中一些凑出来的值与实验值的接近程度令人印象深刻。[60]然而这些尝试只是没有任何可信赖的理论基础的凑数，除了被当作数字神秘主义的把戏以外，它们中还没有任何一种被科学共同体接受。然而，这个问题对于理解宇宙和我们在其中的位置极其重要。对于在原子核结构中起重要作用的强力和弱力，也有相似的耦合常数。某种关于基本作用力（以及承载这些作用的基本粒子）的未来理论，必须对所有这些常数的值给出解释。

另一个仅有的我要提到的耦合常数是控制引力强度的常数。这个常数——"万有引力常数"G——出现在两个有质量物体间的引力平方反比定律中。[61]万有引力常数可以被转化成一个无量纲的量，α_G，类比于精细结构常数，实际上就是用电子质量的平方代替了（α中出现的）电子电荷的平方，算出来是1.752×10^{-45}。[62]现在你能看出来了，这是一个非常小的量，并得出结论：引力是一种远比电磁力弱得多得多的力。这对会思维的实体的突现是有利的——就是这类实体的其中一个例子——就目前来说至少我们因为它为恒星形成、星系形成、行星围绕其恒星旋转的轨道的持续存在，以及人类的起源和进化提供了时间。如果它再强一些，我们———一切——就会一起掉进一个大黑洞（而且还浑然不觉）。

关于G值的起源，所有人都毫无头绪。目前的猜测包括这样一种可能性：这个值曾经很强大，但是在宇宙冷却的时候，它迅速衰减，直至几近于无物（和精细结构常数的情况特别像，只不过它的衰减程度更深）。有人推测，它实际仍然很强，只不过万有引力强度的绝大部分都泄漏到尚未展开、不可探查的六或七个维度中去了。没有人知道引力为什么这么弱，当然也不知道α_G为什么取它的当前值，我也不会假装和别人不一样。

* * *

我们说到哪儿了？自然律以一种普遍的方式控制着实体的运行方式，但它们的定量结果是由各种基本常数的值决定的。这些基本常数包括在相对论中位于中心位置的光速、在量子力学中位于中心位置的普朗克常数，以及在热力学中位于中心位置的玻尔兹曼常数。然而，我试图展示，如果把所有物理上的可观测量都用相同的单位，或与这个单位相关联的单位来表示，而不是被困在一堆虽然实用，但却混杂不清的由人类设计的单位中，那么就可以丢掉这三个基本常数。换句话说，如果你继续坚持要让它们出现在方程里，那么在你把所有可观测属性全都表示为关联单位的情况下（我选择的是秒和它的变体），你可以把这三个基本常数设定成全都等于1。还有另一类基本常数，它们实际上是由表示各种力的强度的耦合常数组成的，例如电磁力和万有引力。对于它们为什么取它们当前这个对我们来说充满偶然的值，所有人都还毫无头绪。

九、来自深层的呐喊：数学为何能发挥作用

很多自然律都可以用数学形式表达，包括那些内容原本和数学没什么关系的定律（例如被总结出来描述自然选择造成的演化的定律，不管这些定律最后会长成什么样），在用数学重新诠释后，都会获得更大的威力。最早考虑这个问题的科学家之一是颇具影响力的匈牙利数学家尤金·维格纳（Eugene Wigner 或匈牙利语 Wigner Jenö Pál，1902—1995），他在1959年的一场题为"数学在自然科学中不可理喻的有效性"的讲座中提出了这个问题。[63] 他以一种也许非常明智的谨小慎微的态度给出了如下结论：数学不可理喻的有效性是一个谜，这个谜过于深奥，是不可能通过人类的反思获得解决的。其他一些人进一步增强了这种普遍的绝望感，他们认为在目前的各种未解之谜中，这一个很可能会一直持续下去。

而另一种观点，相对于维格纳谨慎的悲观主义，另一种更

加积极的看法认为，数学的有效性并非不可理喻，它不是在制造困惑，而是为探索宇宙的深层结构提供了一扇重要的窗户。数学可能是宇宙在努力使用我们共同的语言对我们说话。在本章的论述中，我会试着消除这种说法看似可能会——我但愿不会——染上的神秘主义色彩。[64]自然律存在数学版本，这一事实也许指向一个关于组成现实世界的深层结构可能是什么的严肃问题，并让我们期待获得一个能带来丰厚回报的答案。也许它指向的是那个最深刻的问题，也是古往今来所有问题中最令人困惑和最引人入胜的问题：存在着的东西是怎样开始存在的。

* * *

不可否认，数学是一种格外有效和成功的与宇宙对话的语言。从最实用主义的层面说，我们可以用概括物理定律的方程预言出物理过程的数值结果，就像从摆长预言出单摆的周期那样。看看天文学家预言行星轨道、日食发生率，以及超级月亮——也就是在月球接近近地点的时候出现满月的现象——出现（就像我今天写书时发生的[①]）的惊人能力吧。然后，从表述为数学形式的定律中还会突现出意想不到的推论，并被观测验证。这些例子中最著名的莫过于有人听完爱因

---

① 应该是指 2017 年 12 月 3 日的超级月亮。

斯坦广义相对论——他的引力理论——的内容，就预言了黑洞。[①]还有一种说法，当然是讽刺性的，说的是如果一个实验观测无法被一个写成数学形式的理论所支持，它就不能被接受。世界经济在追求把自然律写成数学形式的风气影响下潮起潮落。各国工业产出中比例非常大的一部分现已归功于对量子力学及其数学形式的执行[②]。

---

① 爱因斯坦在1915年11月4日至11月25日在普鲁士科学院所作的四次讲座中首次发表了其广义相对论的主要内容，并在11月25日公布了其中最为关键的引力场方程的最终形式。时值第一次世界大战的第二个年头，服役于东线战场担任炮兵参谋的著名物理学家卡尔·史瓦西（Karl Schwarzschild, 1873—1916）其时正因罹患疱疹被安置在野战医院养病。由于此前就十分关注爱因斯坦的工作，病床上的史瓦西设法取得了这四次讲座的摘要，根据这些摘要，他仅用不到一个月的时间就计算出了广义相对论场方程的第一个精确解，即著名的"史瓦西解"。相关论文于1916年1月16日由爱因斯坦代表史瓦西在普鲁士科学院宣读。根据这个解，如果一个质量为 M 的天体，其半径小于 $2GM/c^2$（其中 c 为光速，G 为万有引力常数），则包括光子在内，任何进入这个半径范围以内的物体都将不可避免地被这个天体俘获，再也无法逃离这个天体。尽管爱因斯坦和史瓦西本人都认为这个推论难以理解，并主观地相信必然会存在某种尚不为人知的机制来阻止这种情况发生，但这个推论实际上提供了对后来被称为黑洞的天体的最早预言。20世纪50年代以来，随着对黑洞性质的理论研究越来越丰富，以及天文学上对类星体和超亮X射线源的观测成就，尤其是在2019年借助大数据处理技术获得的第一张黑洞照片公布后，科学界目前普遍同意，可以将黑洞视为爱因斯坦广义相对论的一个已被观测验证的理论预言。

② 目前成熟应用量子力学的主要工业部门包括电子设备制造（尤其是高制程芯片的设计与制造）和包括制药业在内的精细化工行业（主要通过利用基于量子力学的计算机模型进行新药物和新材料的分子设计）。此外在激光、电子显微镜、原子钟等高技术装备的设计和制造中，量子力学也发挥着重要作用。目前被广泛关注但还未实现产品化的可能的量子力学工业应用还包括量子计算、量子通信、超导等。

当然，在我们对宇宙的理解以及对它的物理化诠释中，有一些方面尚未被表示为数学形式。就在本书开始的部分以及刚刚顺带提到的几句话中，我把注意力投向了宇宙中影响最深远的理论之一，即用来解释演化现象的自然选择理论。从它并没有被表示成公式形式的意义上说，这一理论就其内在本质而言并不是数学性的，但它却仍然拥有巨大的效力，也许在宇宙中的不管什么地方，只要那里存在可以被认为是"生命"的东西，这项理论就能够适用。甚至不仅仅是新物种的突现，它还可以适用于整个新宇宙的突现。我们可以把这一理论表述为一种自然律，比如，赫伯特·斯宾塞的"适者生存"就是一种粗糙但不失犀利的近似。不过，一旦我们对这种理论做一点儿数学上的演绎，比如构建生物数量的动力学模型，就像我很快会再次提到的，这项理论的定性版本就会立刻获得深不可测的、定量化的丰富内涵——我这样说的意思是，它将能够做出定量化的预言。

生物学，就其整体而言，也许是数学博览会中一个不那么显眼的区域。直到1953年以前，这一人类知识分支在很大程度上还不过就是在大自然中走走看看而已，而就在1953年，沃森和克里克确定了DNA的结构，从而几乎一下把生物学变成了化学的一部分，也因此使它成为了物理科学的一员，并赋予了它这一身份所蕴含的全部威力。话虽如此，除了（回到DNA）包括编码定律在内的各种遗传定律以外，很难指出有什么具体的数学生物学定律。不过，要说明数学在生物学中的直接作用，倒是有好几个不同方面的候选案例。这些案例包括对有机会捕到猎物的捕食者数量的分析，以及在某种意义上与之相类似的设计捕鱼策略和采收策略的工作。还有各种各样的周期性现象，这也是生物体所典型具有的，回过头来审视一下我们自己，呼吸、心跳以及更慢一些的24小时生理周期，都会证实这一点，此类周期性振荡都可以用数学描述。同样地，各种数值差波动，比如一场流行病中感染者与未感染者人数差的波动，各种电位差波动——就像我们思考和行动时信号沿神经传递过程中出现的那种，还有鱼在横向袭来的波浪中为推动自己在水中前进而自动（甚至在头被砍掉以后）弯曲身体时产生的肌肉活动的波动，也是一种广泛存在于生物学各个方面，可以用数学来处理的研究对象。

超逸绝伦然而却悲剧性地倒在流言蜚语中的天才艾伦·图灵（Alan Turing，1911—1954），也许是第一个给据传丑得难以置信的伊索（可能生活于公元前629—公元前565年，如果他真的存在过的话）讲述的美丽寓言拆台的人，他展示了如何用数学方法处理化学物质在各种形状——例如像豹子那样的形状——容器中扩散的扩散波，这一工作解释了动物毛皮上的图样是如何形成的，包括豹子的斑点、斑马的斑纹、长颈鹿的斑块以及蝴蝶翅膀上错综复杂的美丽纹理。①就连大象的长鼻子也是通过化学物质按照各种方程及其解所表示的数学定律在整个大象早期胚胎中产生的扩散波而形成的。[65]

社会学出现于18世纪晚期，是一种适用于人类群体研究的生物学的细化分支，尽管其时常用老鼠来建模。埃马纽埃尔-约瑟夫·西哀士（Emmanuel-Joseph Sieyès，1748—1836）于1780年首创了这个词，不过直到19世纪晚期，这门学科才取得一些成果，并且直到20世纪，人们可以在计算机上用数值法来研究结构复杂的统计模型以后，才获得了其数学结构。尽管推动学科发展的早期动力是识别关于人类行为的定律，但这门学科所取得的最主要成就却是发展了用来分析——有时也用来预测——大量个体组成的群体的最可能行为或平均行为的统计方法。这种统计建模工作对于有效地运行和管理社会至关重要，但是除了统计学本身内在具有的定律（例如随机变量的钟形分布）以外，并没有任何基本定律从这些模型中突现出来，尽管人们非常渴望找到它们。

神学——研究在本性上就难以捉摸、不可理解的神灵的

---

① 《伊索寓言》是世界著名的古代寓言故事集，相传为古希腊作家伊索所作，其中大部分为动物寓言，包括很多基于动物外观特征的奇特想象。此处作者的意思是，图灵用数学原理解释了动物身上各种奇妙特征形成的原因，从而挤压了《伊索寓言》式的浪漫想象的生存空间。

学问，搜寻柴郡猫神秘笑容工作的学术版本①——倒是不需要数学。当然那些由高速运转的大脑创造的其他积极得多的东西，比如诗歌、艺术和文学，也不需要——尽管这些杰作引人入胜，有时是骇人听闻的幻想，为凡尘俗世增添了很多色彩。不过统计学是个例外，因为它能够帮助我们把马洛的作品从莎士比亚作品中区分出来。②而音乐也许正好骑在边界线上，以它为切入点，我们或许可以进入一种美学科学，通过对和弦以及音符序列进行检验——有些观点认为它们与脑中可能存在的共振回路有关——或许能够证明，数学洞见在这种科学中的价值是不可估量的。

我现在得收缩一下这个解释的范围。尽管上面列举了这么多数学的各种不同应用，但就其本身而言，它们并不是定律。除了统计学追求的对数据的数值分析以外，以上每个案例（我想）的数学部分都包含有对某种模型的分析。这并不是自然界基本定律的内容，而是由一些隐藏在背后的基本物

① 柴郡猫是著名英国童话《爱丽丝漫游奇境》中的经典角色。这个角色的形象是一只总是咧着嘴露出诡异笑容的大猫，并能够在空中飘浮，以及神秘地凭空出现和消失。作者在这里用"搜寻柴郡猫神秘笑容"比喻捕风捉影、寻找完全子虚乌有的东西的努力。

② 克里斯托弗·马洛（Christopher Marlowe，1564—1593）是莎士比亚同时代的英国剧作家，与莎士比亚同年出生，但更早成名。当马洛以29岁的盛年在街头斗殴中被刺死时，莎士比亚的戏剧事业才刚刚起步，名气尚远不如前者。英语文学研究界一直有一种观点，认为部分署名莎士比亚的作品其实出自马洛之手。2016年，一些研究者借助大数据技术，首次确认，一直被视为莎士比亚历史剧代表作之一的《亨利六世》是由马洛和莎士比亚合作完成的。

理定律以非常复杂的方式组合而成的表达式。它们甚至都算不上外在定律，而只是利用一大堆组织起来的外在定律去执行一项具体的工作。

* * *

从最简单和最明显的层面来看，数学之所以管用，是因为它提供了一种冷冰冰的、高度理性化的方法，来把一个方程的推论——呈现出来，而这个方程实际上代表了一则用符号形式表达的定律。实际上，想从一个非数学陈述，如"适者生存"中，做出可信赖的预言，是不可能的，我们更不可能预言出若干元素最初的组合会导致在适当的时候演化出大象。相比之下，我们却可以从一个数学陈述中得到可信赖的预言，例如从如胡克定律，回复力正比于位移（方程 $F = -k_f x$ 的文字表述）中：我们可以根据摆长准确预言出单摆的周期。

我听见你喊"混沌"。确实如此，某些系统的演化过程从表面上看是不可预测的，但在诠释这种不可预测性的时候却必须要谨慎。关于表现出混沌运动的系统，一个比较简单的例子是"双摆"，即在一个单摆的底部挂上另一个单摆，两个摆都按照胡克定律摆动。在这个例子中，这两个摆的运动方程都可以被解出来，并且只要确切知道两个摆被回拉时的初始角度，那么它们在未来任何时间的角度也就都能得到确切预言了。这里关键的一句话是"只要确切知道两个摆被回拉时的初始角度"，因为即使起始角度只存在一丁点儿无穷小的不精确，在后续运行中也会造成非常不一样的结果。混沌系统并不是一个在运行上无规则的系统：它是一个对起始条件高度敏感的系统，由此使得，**对一切实践上的目的而言**，它的后续运行状况是不可预测的。如果我们对初始位置有完全的了解（在不存在外部干扰作用，如摩擦和空气阻力的情况下），我们就能够得到完全可预测的运行方式。

这种固有的预言与观测无法**在实践上**匹配的特性，所造成的后果之一就是使科学中所谓实验可验证性的意义发生了转变。长期以来，人们一直认为，将预言与观测进行比较，并以失败为启发修正理论，这一程序是科学方法的柱石之一。但是现在我们看到，可靠的预言并不总是可能的，那么这块柱石是否已被侵蚀了呢？一点儿都没有。用模型模拟混沌现象的"全局"预测可以通过在不同起始条件下对系统进行测试而得到验证，而且说真的，"混沌"本身就具有某些可预测的特性，这些特性也都可以进行验证。我们不需要预言和验证双摆的精确轨迹就可以宣称，我们已经理解了这个系统，并验证了它的运行方式。自然律，就这个案例而言是一系列外部定律，即便在这个不可定量预测的系统中，也将得到验证。

人脑是由一系列比双摆这种力学上的琐碎问题复杂得

多的过程串联起来的，因此几乎并不令人惊讶地，它的输出——一个动作或一个观点，甚至是一件艺术作品——无法并且很可能永远不会变成可以根据一个给定的输入——比如看一眼什么东西，或者听见一个从耳边飘过的短语——预测的。神学家将这种不可预测性称为"自由意志"。正如对双摆一样，只不过是在一个复杂得多的规模上，我们可以，就大脑中运行的各种过程的网络而言，宣称我们理解大脑是如何工作的——无论这个大脑是人工的还是天然的，即便我们从未能预言出它可能表达过的观点、写过的诗，或者发起过的大屠杀。①因此从某种意义上说，"自由意志"的存在其实证实了我们理解大脑如何工作，正如混沌的存在证实了我们理解双摆如何工作。虽然这样希望可能有点儿过于贪心，但是就像对于简单系统而言，其混沌模式是可预测的一样，也许有一天，自由意志的模式也会被发现。也许，通过精神病学，它们已经被发现了，只是还没有以规范的形式被精确表述出来而已。

* * *

数学冰冷的理性特质可能就是它不可理喻的有效性的全

---

① 作者在这里顺带讽刺欧洲历史上屡见不鲜的大屠杀（尤其二战中的）是无法用理性给出合理解释的人脑决策的典型代表。

部秘密。它的有效性也许并不那么不可理喻：这种有效性也许就在于它的推理过程，以及它作为理性典范的地位。数学之所以管用，其理由可能就是简单，因为它强调程序的系统性：以模型的提出为起点，设置几个关于它属性的方程，然后用久经考验的数学演绎工具使推论一一呈现。这可能就是全部。但有没有可能还有更多的呢？

有某些其他的迹象，暗示世界可能在更深层次的意义上是数学的。我此处的出发点是德国数学家利奥波德·克罗内克（Leopold Kronecker，1823—1891）说过的一句话，他说："**上帝创造了整数，所有其余的数则是人创造的。**"因此数学全部的美妙成就，就是施加在实体——整数——上的一些操作，这些操作把数字变成了人们最初并没有打算让它们成为的样子——一开始他们其实就是想平淡无奇、循规蹈矩地数个数而已。但整数又是从哪儿冒出来的呢？——如果我们不考虑"上帝的慷慨赐予"这个过于简单的答案的话。

整数可能是从绝对的一无所有中冒出来的。生成它们的程序属于数学中那个半死不活的、被称为"集合论"的领域，也就是那门处理事物的集合，但却不太注意，或者根本就不注意处理的事物是什么的理论。

如果你没有任何东西，那么你就拥有了叫作"空集"的东西，标记为{∅}。我将把它规定为0。假设你有了一个包含空集合的集合，记为{{∅}}。现在你手里就有点儿什么了，我把这点儿什么称为1。可能你能看出下面会发生什么。接着你还可以拥有一个不仅包括空集，还包括包括空集的集合的集合。把这个集合记作{{∅}, {{∅}}}，因为它有两个成员，所以我称它为2。现在你可能看得出来，3就是{{∅}、{{∅}}、{{∅}、{{∅}}}}，包含了空集、包含空集的集合，以及既包含空集又包含包含空集的集合的集合。我就不拿4来烦你了，更不用说那些更复杂的数，因为这个程序到现在为止应该已经很清楚了。它所实现的，当然，就是从绝对的一无所有（空集）中生出整数。一旦你有了整数，然后再逼着它们跳各种圈儿，就像克罗内克说的，你最后就会得到数学。

现在，这一过程很明显可以与宇宙从绝对的一无所有中突现出来的过程相类比，其中"无"在某种程度上就对应着空集，{∅}。但这可能仅仅是一个引人入胜的类比，而与宇宙，无论它是不是数学的，从"无"中突现的过程没有丝毫关系。就算是这样吧，那么还是那句话，这个类比还是可能代表着一种深刻的洞见，关于这里看上去到底有多像是有点儿什么，以及数学作为一种用来描述和阐释这些什么的语言，为什么会如此成功的洞见。

我可以看到，伴随着这个类比会产生几个问题。这些问题包括我们缺乏相应的规则，来解释整数是如何被连接到那些我们称它们是"数学的"结构上的。还有，仅仅列出一张整数的清单，很难说值得使用"宇宙"这个名字来命名。此处的答案，可能就隐藏在那些被提出来作为算术学基础的公理中。其中就包括意大利数学家朱塞佩·皮亚诺（Giuseppe Peano，1858—1932）提出的几条著名公理。[66]一旦你拥有了算术，你就拥有了很多其他东西，因为有一条被归功于德国人利奥波德·勒文海姆（Leopold Löwenheim，1878—1957）和挪威人索尔夫·斯科伦（Thoralf Skolem，1887—1963）的著名定理，这条定理暗示，任何公理系统都与算术系统等价。[67]

因此，比如你有一个建立在一组断言（公理）之上的包含全部自然律的理论，那么它在逻辑上等价于算术，并且任何关于算术的陈述对它也适用。因此一个过于大胆的推测可能是，一些与皮亚诺公理中提出的逻辑关系相类似的逻辑关系，偶然与那个从一无所有中突现出来的我们称之为宇宙的实体发生了关系，并给予了后者稳定性。很显然，我正盲人瞎马地试图在这里寻找意义，但是要想获得任何对上述视角的可信赖的诠释，如果有朝一日能够出现这样的诠释的话，还是必须等理解和阐释我们宇宙根源的工作取得深入进展以后才行。就目前而言，这些想法不过是异想天开。

* * *

当然，有一个大问题是，我们说宇宙是数学的，这是什么意思？如果一切仅仅是算术，那么我正触摸着的东西是什么？如果那仅仅是代数，那么我透过我的窗户看到的又是什么？我的意识仅仅是由一堆在公理音乐的伴奏下翩翩起舞的整数协作而成的吗？因果性难道类似于，或者实际就是写出定理证明的过程吗？①

随便触碰个什么东西。我们是在某种意义上触碰$\sqrt{2}$或者甚至是圆周率π本身吗？也许我能帮你看到，你是在这么做。如果我们把触摸这个动作的神经生理学方面，也就是当我们与外部物体发生联系时在我们身体内部发生的过程先放在一边（我知道你可能会说："但这就是触碰的全部意义，我们的头脑对它产生的响应！"且少安毋躁），那么触碰归根结蒂就是被触碰者相对于触碰者的不可入性。不可入性是一块空间区域产生的某种排斥作用，这下我们就能理解将"触碰"的感觉传递到大脑或传入神经反射回路的信号是从哪儿起源的了，正是这个信号让我们把手缩回来，以避免可能的危险或触碰的下一步结果——受伤。

---

① 在严格的逻辑演绎体系中（如在数学证明中），结论总是先在地蕴含在前提中，即给定前提，必然能推导出某些结论。因此按照某些学术观点，通过逻辑演绎得到的结论实际上是对前提语句的语义重复，是无法提供新的信息增量的。从这种意义上说，证明的过程，不过是将本就存在的必然推论展现出来的过程。在物理世界中，一个（或一组）之前的事件引发一个（或一组）之后的事件的因果性，也隐含着某种必然性。那么是否也可以在后发事件是先发事件的必然结果的意义上，认为宇宙自大爆炸以后就没有任何新的事件发生？这实际上是哲学中一个非常容易引发争议的话题。事实上，就逻辑演绎中的结论没有提供信息增量这一哲学和逻辑学的经典观点而言，很可能本身就存在着片面性。

　　一个物体对另一个物体的排斥作用是从一条非常重要的原理中生长出来的，这条原理由奥地利出生的理论物理学家沃尔夫冈·泡利（Wolfgang Pauli，1900—1958，又是一位英年早逝的天才）于1925年提出，并于1940年推广为普遍原则，从而为他赢得了1945年的诺贝尔物理学奖。这是一条量子力学的固有原理，它涉及电子（以及某些其他基本粒子）的数学描述，断言了当人们把两个电子的名称相互交换时，这种描述必须如何发生改变。[68]这条原理的推论是，两个原子的电子云不能相混：一个原子会被排斥在另一个原子占据的区域之外。这样，触摸就从一条自然界的基本原理中突现出来了。虽然我承认，这种解释触碰的视角仍然没有完全触及"触碰在数学上意味着什么"这个问题的核心，但我希望你能同意，这是向那个目标迈出的一步。

　　听觉是触觉的一种形式。在本案例中，关键受体位于耳朵内部，与它发生接触的是凝聚为压力波的空气分子以及它们对鼓膜产生的冲击。这台探测器会把对上述接触的探测结果传递到大脑中一个不同的区域，这也就是为什么我们会把听觉当成是与触觉截然不同的另一种感觉；但从根本上说，它不是。视觉也是一种触觉，只不过它是一种更微妙、更隐蔽的触觉。在这个案例中，接触发生在视网膜视杆细胞和视锥细胞中的光学受体分子间。这些受体分子被嵌在一个像杯子一样的蛋白质基座中，一旦光线中的光子刺激到它，它就会变成另一种不同的形状。此时——又是因为接触——蛋白质基座无法继续容纳这些受体分子，受体分子就会跳出来，从而使蛋白质微微变形，触发一个传向大脑中又一处不同区域的脉冲信号，这个脉冲信号会在大脑的这个区域中被诠释为视觉图像的一部分。嗅觉和味觉同样是触觉的不同方面——这一次（目前人们是这样想的，尽管机制尚存争议），接触受体的是被吸入鼻子的或落在舌头上的分子，它们触发的信号被送往的是大脑的又一个不同的部分。所有的感觉最终都是触觉，而所有的触觉都是描述世界数学本性的泡利原理的表现。

我必须承认，正如我已经承认了一半的，这种说感觉是数学中的一个小结论的表现的解释不大可能令人信服，我也并不敢追问输送给黑暗神秘的大脑的触发信号以及大脑将感觉转化为意识的途径具体都是些什么。在我们真正了解物质的深层本性之前，这类说法怎么能令人信服呢？尽管如此，我希望，它至少是一种暗示，说明我们最终会与整数以及由它们叠床架屋地组织成的现实建立起紧密的联系。

* * *

还有最后一件重要的事，可能事关生死。哥德尔定理站在哪一边？哥德尔定理是生于奥地利的同名数学家库尔特·哥德尔（Kurt Gödel，1908—1978，他死在普林斯顿，死因非常有名，是因为害怕别人给他下毒，最后把自己活活饿死了）1931年在一篇非同凡响的杰作中证明的。从本质上说，这条定理断言了一组公理的自洽性不能在这组公理内得到证明。[69]如果自然律是数学的，那么这难道意味着它们可能不自洽吗？我对它们的解释注定是要系统性失败的吗？如果宇宙是一个巨大的数学模型，会不会它同样不是自洽的？它有没有可能在自身不一致性的重压下崩溃？

有几条逃生通道可以让我们逃离这一境遇。哥德尔的证明建立在一个特定的算术形式体系上，就是我在注释4中具体介绍过的那种版本的算术形式体系。假使你扔掉这些陈述中的某一条，比如关于乘法是什么意思的那条，那么这就从下面敲掉了哥德尔证明的一条腿，它就不成立了。没有"×"的算术看起来似乎有点儿怪，但也许可以像我在第八章提到的那种版本的算术那样，让2×3的得数与3×2的得数不一样，而它仍然被证明是理解物理世界的关键。从算术中拿掉乘法，哥德尔就被困在沉舟里，只能坐看身边千帆竞过了，而算术也就变成了完备的。[70]谁知道呢，如果更进一步，让$2+3$不取和$3+2$一样的值，又会导致何种景象。反正最重要的是，尽管有哥德尔定理在，但哥德尔建立他证明的条件是否可以适用于物理世界（唯一的世界）还远远没有被搞清楚，因此悲观主义是没有依据的，自然律可能自洽得很好，这是有办法验证的——可以证明是这样的，宇宙中并没有隐藏着什么可以——在一瞬之间——灾难性地扩散，并把我们和世界上的一切都完全抹杀，化为一缕遗忘，回归于我们当初从中冒出来的绝对的"无"的逻辑断层线。而且，很有可能，只有全局一致的自然律才是可行的，宇宙很可能是一个逻辑上非常紧密的结构，不允许任何的不一致或不连贯以及与之相匹配的算术类型。

还有一些与此有关的议题。有些人怀有一种悲观的看法，认为如果未来有一天我们真的发现了一种关于每件事的理论，一种宇宙性的、包罗万象的母理论——不仅仅是所有内在定律之母，而是所有定律之母，那么其后果也不会太美妙，因为这将暗示着，人类到了应该挂起他的计算尺，怀着对每件事的内在定律和外在定律的完全理解，躺在前人已经做过的工作上睡大觉的时候了——尽管如此，也许总还是会留下点儿什么可以让我们做的。例如，我们可能会发现，每件事都存在两种或两种以上同样成功的描述，我们无法在它们之间做出选择。我们已经遇到了一点儿这样的可能性，因为正像我在第八章中解释过的，单独按照位置术语，或单独按照动量术语，都可以写出一个关于世界的描述。这二者中不存在一种"更好"的描述。也许还有无数看似不可调和，然而同样有效的对世界的描述等着我们去发现，无数组相互自洽却又看上去风马牛不相及的自然律的组合。

当我们发现了所有自然律的时候，我们会知道我们已经把它们都发现了吗？对于一套特定的自然理论，即便对它进行实验验证，无论从技术上还是从原则上，都超过了我们的能力，我们也还是能够知道它是有效的吗？

对于所有假定会被发现的定律，我们是应该谨慎地放开我们对严格的实验验证标准的坚持呢，还是应该时刻保持警惕，去等待出现违背我们定律的现象，即便我们确信这样的现象根本不会发生？在这些知识的前沿领域，我们将会需要永远不眠不休、不知疲倦、时刻保持警醒的机器人来充当大自然的检验员。我们是否应该接受这样一种观点（就像某些当代基础理论所暗示的；我脑子里面想的是弦论）：我们对我们的理论有信心到即便无法测试它们，也还是应该把它们当作真理来接受的程度吗？我们对自然律的渐进式探索，会不会正是使我们迈向过度自信的致命一步呢？

无论未来会怎样，知道这样一个事实总是好的，即就我们所能看到的来说，宇宙是个讲理的地方，甚至它所遵从的定律的起源，也在人类理解力范围之内。尽管如此，我是多么渴望用那令人为之气结的景象代替创世时"没什么太多"的事发生的论断呀，不是"没什么太多"，而是压根儿就没有。

注 释

以下注释涉及光速（c）、普朗克常数（h）、玻尔兹曼常数（k）及基本电荷（e）。

1 我一直非常欣赏马克斯·雅默（Max Jammer）的《量子力学的概念发展》（*The conceptual development of quantum mechanics*, McGraw-Hill, 1966）对这一理论产生过程的深入介绍。

2 胡克定律指出，$F = -k_f x$，其中 F 是回复力，x 是从平衡状态（弹簧"松弛"时）开始的位移，k_f 是弹簧的一个特征常数，被称为"弹性系数"。刚性弹簧的弹性系数很大。更多信息见第六章。

3 波义耳定律的其中一种形式是：在恒温状态下，$V \propto 1/p$，其中 V 是压强为 p 时气体所占的体积。由此可以推出，对于给定的气体样品，在恒温下，乘积 pV 为常数。更多信息见第六章。

4 对诺特定理的说明可以在德怀特·纽安施旺德（Dwight Neuenschwander）的《艾米·诺特的奇妙定理》（*Emmy Noether's wonderful theorem*, Johns Hopkins University Press, 2010）中找到。如欲获得更详尽的说明，可以尝试伊维特·柯斯曼–施瓦茨巴赫（Yvette Kosmann-Schwarzbach）著，伯特拉姆·施瓦茨巴赫（Bertram

Schwarzbach）译《诺特定理：20世纪不变与守恒的定律》(*The Noether theorems: Invariance and conservation laws in the twentieth century*, Springer, 2011）。

5 一个质量为 m，以速度 v 运动的物体的动能为 $\frac{1}{2}mv^2$. 一个质量为 m，距地表高度为 h 的物体的势能为 mgh，其中 g 是常数，即"自由下落的加速度"（它的值接近 9.8m/s^2）。一个电磁场的能量正比于它所具有的电场强度和磁场强度的平方。

6 中微子的实验探测是由 F. B. 哈里森（F. B. Harrison）、H. W. 克鲁斯（H. W. Kruse）和 A. D. 麦圭尔（A. D. McGuire）执行的，他们因此获得了诺贝尔物理学奖，但是是到1995年，整整40年后才获得的。想象一下连续40个十月份都提心吊胆的感觉吧！

7 在由上述考虑挑起的争论中还埋着更大的雷。能量与线性动量之间的差别（本章稍后会提到）依赖于观测者和被观测对象的运动状态，而且从整个讨论来说，我们真的应该以时空的均匀性而不是每个独立分量的均匀性为考虑对象。请原谅我在阐述中（虽然不是在我心里）忽略了这个巨雷。

8 如果每往前一代，代际更替的时间都减半，那么即便代际的数量是无限的，时间的总跨度也将是有限的（ $1+\frac{1}{2}+\frac{1}{4}+\cdots=2$ ），只是留给元祖宇宙去传宗接代的时间就会无穷小。如果元祖宇宙是在一个无限长的时间以前突现出来的，那么我会挺失望的，因为那会把我说的每件事都变成空中楼阁，但无疑，这会让那些怀有某种特定心思的人感到高兴。

9 普朗克长度的定义是 $L_P=\sqrt{hG/2\pi c^3}$，其中 G 是引力常数，算出来大约为 1.6×10^{-35} 米。这大约是原子核直径的一万亿亿分之一。普朗克时间的定义是光通过这个距离所花的时间，即 $t_P=\sqrt{hG/2\pi c^5}$，算出来是 5.4×10^{-44} 秒。完全是为了完整起见，我提一下普朗克质量，$m_P=\sqrt{hc/2\pi G}$，算出来大约是一个可以合理想象的重量，22微克。

这本书上的一页纸大约重140000个普朗克质量。

10 我想到了《梨俱吠陀》的创世颂，但没有岔开话题去说它：

（1）彼时，无无亦无有：无天空域，亦无域上之天幕。何物充于寰宇？彼者充于何处？孰与护之？其为水欤？水之莫测其深者欤？

（2）彼时无死，亦无不死：无昼夜分。有彼一者，无息，任其性而息：舍彼则一无他者焉。

（3）晦晦冥冥：太一初隐于晦冥，混一无分。

11 在很多个（大约2×10^{52}个）普朗克时间以前，我曾在《创世》（*The creation*, W. H. Freeman & Co., 1981）中推测过从"无"中突现出"有"的过程可能是怎样发生的，并曾在《重临创世》（*Creation revisited*, W. H. Freeman & Co., 1992）中"重临"过这一推测。

12 质量为m的物体，其线性动量p与速度v的关系是：$p = mv$.

13 角动量J与角速度ω有关，换算关系为$J = I\omega$，其中I是转动惯量。质量为m，沿半径为r的路径转动的物体，转动惯量为$I = mr^2$.

14 **斯涅尔折射定律**指出，当一束光通过折射率分别为n_{r1}和n_{r2}的两种介质的界面时，入射角和折射角的关系为：$\sin\theta_1/\sin\theta_2 = n_{r2}/n_{r1}$.

15 我有个想法，假设你真的碰到这种紧急状况，有人在湖里溺水。假设情况确实是以下这样：你步行所能达到的速度比你涉水能达到的快十倍，且溺水的朋友与你到水边的距离相等，且你们两个人之间在平行于湖岸的方向上也是这个距离，那么，一个简短但繁琐的计算（现在做总比到时候再做强）表明，你应该步行到岸边位于平行于湖岸的那段距离的93%位置的那个点上，再从那里涉水。

16 假设一列经某条路径抵达目的地的波的振幅为a_0. 另一列波经一条略有不同的路径抵达，路径由参数p描述，p为路径弯曲程度的量度，将这列波的振幅记为a_p. 两振幅之间的关系为$a_p = a_0 + p\,(\mathrm{d}a/\mathrm{d}p) + \frac{1}{2}p^2\,(\mathrm{d}^2a/\mathrm{d}p^2) + \cdots$. 如果路径长度处于最小值，则项$\mathrm{d}a/\mathrm{d}p = 0$，

　　即两振幅仅在p的二阶微分上不同；而所有其他路径都是在p的一阶微分上不同，区别要大得多。当然，专业人士会知道，我正在讨论的其实应该是"相位长度"，而不是振幅。

17　设粒子的线性动量为p，它的波长λ由"德布罗意关系式"$\lambda = h/p$给出，其中h是普朗克常数（参见第八章）。这组关系由路易·德布罗意（Louis de Broglie，1892—1987）在1924年提出，后来被证明是一个更普遍的量子力学表达式的推论。

18　作用量S的正式定义是$S = \int_{path} L(q, \dot{q}) \, ds$，其中积分沿路径方向，以无限小步长$ds$为积分元，$q$代表粒子位置，$\dot{q}$代表粒子速度，$L(q, \dot{q})$是系统的拉格朗日函数。在某些情况下，$L$是粒子的动能与势能之差，比如对于谐振子有$L = \frac{1}{2}m\dot{q}^2 - \frac{1}{2}k_f q^2$.

19　量子力学的一个建立在干涉性路径概念上的版本是费曼给出的该理论的"路径积分"形式，关于这套学说的具体阐述见R. P. 费曼与A. R. 希布斯《量子力学与路径积分》（R. P. Feynman and A. R. Hibbs, *Quantum mechanics and path integrals*, McGraw-Hill, 1965；中文版可以参见张邦固编，高等教育出版社，2015）。

20　如果波在原点的振幅为a，它在远处一个点上的振幅和相位为$ae^{iS/\hbar}$，其中S是与路径相关的作用量，$\hbar = h/2\pi$，$i = \sqrt{(-1)}$.

21　牛顿第二定律就是由微分方程$F = dp/dt$来表示的，其中F是力，p是线性动量。一个更复杂的例子是一个质量为m，能量为E的粒子在势能为$V(x)$的一维定态区域中的薛定谔方程：$-(\hbar^2/2m)(d^2\Psi/dx^2) + V(x)\Psi = E\Psi$，其中$\hbar = h/2\pi$，$\Psi$为粒子的"波函数"，一个包含粒子全部动力学信息的数学函数。

22　要找出与最小作用量（如注释18中定义的）相对应的路径，需要寻找满足$\delta\int_{path} L(q, \dot{q}) \, ds = 0$的路径，其中$\delta$代表路径的一个变化。当给定微分方程$\partial L/\partial q - d(\partial L/\partial \dot{q})/dt = 0$（欧拉-拉格朗日方程）时，这个最小化条件得到满足。对形如$L = \frac{1}{2}m\dot{q}^2 - V(q)$的拉格朗日量，

欧拉-拉格朗日方程转化为牛顿第二定律。

23 **玻尔兹曼分布**隐含着，在绝对温度 T 下，能量为 E_1 和 E_2 的态，分子数 N_1 和 N_2 之比为 $N_2/N_1 = e^{-(E_2-E_1)/kT}$. 在以下注释中，符号 T 总表示绝对温度。

24 那些其他的书呆子会知道，我脑子里想的是某种运动的"零点能"，一种由于量子力学的原因无法消除的能量。例如，让一个单摆绝对静止是不可能的。

25 要从摄氏温度得到开尔文温标上的绝对温度，只需在前者上加 273.15。因此，20℃ 也就是 293K。

26 阿伦尼乌斯速率定律指出，化学反应的速率正比于 $e^{-E_a/RT}$，其中 E_a 是活化能，R 是气体常数（$R = N_A k$）。

27 牛顿冷却定律指出，物体与其周围环境间的温差 ΔT 按 $\Delta T(t) = \Delta T(0) e^{-Kt}$ 的关系随时间变化，其中 K 是一个由物体的质量和组分决定的常数。

28 **放射性衰变定律**指出，活跃原子核的数量 N，随时间按 $N(t) = N(0) e^{-Kt}$ 的关系变化，其中 K 取决于原子核的特性，并与放射性半衰期 $t_{1/2}$ 有关，数学关系为 $K = (\ln 2)/t_{1/2}$.

29 玻尔兹曼关于熵的表达式是 $S = k \ln W$，其中 W 是总能量不变的情况下分子可采取的分布方式的数量。此公式现代形式中的"ln"代表自然对数，在玻尔兹曼的墓志铭上，ln 的位置用的是 log. 想想看，如果克劳修斯选择那个拧巴的字母 S，是为了体现熵这个词中"转换"的意思，那该多好，但是我理解，其实当时就只是简单地因为只有它闲着没人用而已，因为它的邻居 R 和 T 当时已经代表了别的东西。

30 当能量 q 以热的形式在绝对温度 T 下被传递给一个物体，克劳修斯关于熵的变化量 ΔS 的表达式为 $\Delta S = q/T$. 此处对热传递的过程有一些技术约束，具体而言，传递的过程必须是可逆的，这在实践中意味着，在传递的所有阶段，被加热者和加热者之间的温差都要尽可能地小。

31 热机效率 η 的定义为热机所做的功与所消耗的热之比。卡诺关于在温度为 $T_热$ 的热源和温度为 $T_冷$ 的冷凝器（两个温度皆为绝对温度）之间工作的理想热机效率的表达式为 $\eta = 1 - T_冷/T_热$. 当冷凝器的温度趋近于零或加热器的温度趋近于无穷时，热机的效率趋近于1。实现高温比实现低温更便宜，因此工程师们拼命设法提高热源温度（例如使用过热蒸汽）以实现最大效率。如果热源温度为200℃（473K），冷凝器温度为20℃（293K），则热机的效率为 $\eta = 0.38$（也就是说，即便在一台理想热机中，燃料释放的热能也只有38%可以被转化为功）。

32 开尔文的原话是：不可能用无生命的机器把物质的任何部分冷却至比周围最低的温度还低，从而获得机械功。

33 克劳修斯的话翻译过来是这样说的：不可能把热量从低温物体传向高温物体而不同时产生与之相关联的其他变化。

34 要了解更多关于绝对零度不可到达性和熵值之间联系的信息，参见我写的《热力学定律简介》（*The laws of thermodynamics: A very short introduction*, Oxford University Press, 2010），或者更郑重其事一点儿的，我（与朱利奥·德·保拉和詹姆斯·基勒合作）写的《物理化学》（*Physical chemistry*, 11th edition, Oxford University Press, 2018）。

35 为了帮你判断普列高津的贡献，请参见普列高津和斯唐热的《确定性的终结》（I. Prigogine and I. Stengers, *The end of certainty*, The Free Press, 1997；中文版参见湛敏译，上海科技教育出版社，1998）。比利时国王似乎很欣赏，或者有人建议他欣赏普列高津的工作，他在1989年授予普列高津子爵爵位。

36 完美气体定律为 $pV = NkT$，其中 p 是压强，V 是体积，N 是讨论中涉及的分子的个数，T 是绝对温度。化学家一般会用讨论中涉及的分子的量 n 来写这条定律，$n = N/N_A$，N_A 是阿伏伽德罗常数，另

外取 $N_Ak=R$，即气体常数。从而把完美气体定律写成如下形式：$pV=nRT$.

37 大多数人用"理想气体定律"来指代这条定律。不过，我喜欢坚持"完美"。理由如下。有一种被称作"理想溶液"的东西，溶质分子和溶剂分子相互作用，但一个分子不知道与它相邻的是溶质分子还是溶剂分子：它们之间的相互作用是相同的。没错，在完美气体中也是这样，但不仅仅是分子间的相互作用相同，而且这个相互作用的大小还是零。因此，与理想相比，完美是沿着这条路走得更远的一步。

38 亨利定律说的是，平衡状态下，液体中气体的浓度 c 与气体的压强成正比（$c=Kp$）；拉乌尔定律说的是，溶质的存在会使溶剂的蒸气压降低 Δp，该降低值与溶液浓度成正比（$\Delta p=Kc$）；范特霍夫定律说的是，渗透压 Π 与溶质浓度成正比（$\Pi=Kc$）。这几个公式中的系数 K 都是不同的。

39 经过数学处理，得到表达式 $pV=\frac{1}{3}Nmv_{rms}^2$，其中 N 是体积 V 中的分子个数，m 是单个分子的质量，v_{rms} 是均方根速率，即对所有分子速率的平方取平均值，再开平方。可以粗略地把它想成是分子的平均速率。在恒定温度下，这个表达式有 $pV=$ 常数的形式，即波义耳定律。

40 一定量气体中质量为 m 的分子在绝对温度 T 下的平均速率为 $v_{mean}=(8kT/\pi m)^{1/2}$. 也就是说 $v_{mean}\propto\sqrt{T}$.

41 如第一章第2条注释中所说的，胡克定律的内容是 $F=-k_fx$，其中 F 是回复力，x 是从平衡状态开始的位移。一个质量为 m 的振子，振动频率为 $v=(1/2\pi)(k_f/m)^{1/2}$. 对于摆长为 l 的单摆，$v=(1/2\pi)(g/l)^{1/2}$，其中 g 是"自由落体加速度"，一个测量重力拉力的参数。后面这个结果只在摆动为零的极限下才是完全精确的，从这个意义上说，它也是极限性的。

42 对一种与平衡位置间的位移为 x 时值为 $P(x)$ 的属性的最一般表达式为 $P(x) = P(0) + (\mathrm{d}P/\mathrm{d}x)_0 x + \frac{1}{2} (\mathrm{d}^2P/\mathrm{d}x^2)_0 x^2 + \cdots$. 在显示 P 对 x 依赖关系的曲线上，最小取值处 $(\mathrm{d}P/\mathrm{d}x)_0 = 0$. 因此，$P(0)$ 后的第一个非零项是 $\frac{1}{2} (\mathrm{d}^2P/\mathrm{d}x^2)_0 x^2$. 如果 P 是势能 E_p，那么因为回复力 F 和势能有如下关系，$F = -\mathrm{d}E_p/\mathrm{d}x$，在这种一般性的情境下，$F = -(\mathrm{d}^2P/\mathrm{d}x^2)_0 x$，当定义 $(\mathrm{d}^2P/\mathrm{d}x^2)_0$ 为 k_f，上式即为胡克定律。

43 谐振子，一个符合胡克定律的谐振子，其能量为 $E = p^2/2m + (k_f/2)x^2$，其中 m 是谐振子质量。注意对称性：线性动量 p 和位移 x 都是以平方形式出现的。

44 分子结构与它的衍射图样实质上是彼此的傅里叶变换。世界的"位置描述"和"动量描述"同样是彼此的傅里叶变换。

45 库仑的平方反比定律将相互之间距离为 r 的两个电荷 Q_1 和 Q_2 之间的力的大小确定为 $F = Q_1Q_2/4\pi\varepsilon_0 r^2$，其中 ε_0 是一个基本常数，真空中介电常数。一条类似的平方反比定律将两个质量分别为 m_1 和 m_2 的物体之间的万有引力大小表示为 $F = Gm_1m_2/r^2$，其中 G 是万有引力常数。

46 库仑相互作用的对称性在群论中的完整命名是 SO（4），"四维特殊正交群"。

47 在氢原子中，同一壳层（以主量子数 n 表示）的原子轨道全都具有相同的能量，无论它们绕核旋转的角动量（以角动量量子数 l 表示）如何取值。也就是说，同一壳层的 s、p、d……轨道全都具有相同的能量。"简并性"，即不同轨道拥有相同能量的属性，总是与对称联系在一起；在这个案例中，它是库仑相互作用的四维超球对称性的结果，后者使这些轨道可以在四维空间中以它们各自不同的形状围绕彼此旋转。

48 如果原波为 $\psi(x)$，在全局规范变换下，将其相位均匀转过角度 ϕ，成为 $\psi(x)\mathrm{e}^{i\phi}$. 变换前粒子的几率密度为 $\psi^*(x)\psi(x)$，变换后成为

$\psi^*(x)e^{-i\phi}\psi(x)e^{i\phi} = \psi^*(x)\psi(x)$。几率密度不变。在局域规范变换 $\phi(x)$ 下，因为仍然有 $\psi^*(x)e^{-i\phi(x)}\psi(x)e^{i\phi(x)} = \psi^*(x)\psi(x)$，因此这种不变性仍然存在。

49 以下是把一个全局规范变换和电荷守恒联系起来的技术性论证。我尽可能少用符号，目标仅限于展示实现这个论证的通路：要想做好这件事，你不但需要考虑时间导数，还需要考虑这里用到的一维空间导数。考虑一个无穷小的推动量，使变换 $\psi(x) \to e^{i\phi}\psi(x)$ 可以近似为 $\psi(x) \to (1+i\phi)\psi(x) = \psi(x) + \delta\psi(x)$，其中 $\delta\psi(x) = i\phi\psi(x)$. 由此产生的拉格朗日密度 $L(\psi, \psi') = \frac{1}{2}\psi'^2 - \frac{1}{2}m\psi^2$，其中 $\psi' = \partial\psi/\partial x$ 的改变量为

$$\delta L = \frac{\partial L}{\partial \psi}\delta\psi + \frac{\partial L}{\partial \psi'}\delta\psi' = \left\{\frac{\partial L}{\partial \psi} - \frac{\partial}{\partial x}\left[\frac{\partial L}{\partial \psi'}\right]\right\}\delta\psi + \frac{\partial}{\partial x}\left[\frac{\partial L}{\partial \psi'}\delta\psi\right]$$

注意，根据欧拉－拉格朗日方程（也就是那个告诉你如何沿这条路摸索前进，最终让整体作用量实现最小化的方程），

$$\frac{\partial L}{\partial \psi} - \frac{\partial}{\partial x}\left[\frac{\partial L}{\partial \psi'}\right] = 0$$

因此

$$\delta L = \frac{\partial}{\partial x}\left[\frac{\partial L}{\partial \psi'}\delta\psi\right] = i\phi\frac{\partial}{\partial x}\psi'\psi$$

拉格朗日密度在全局规范变换下不变，因此对任意 ϕ，$\delta L = 0$. 从而，

$$\frac{\partial}{\partial x}\overbrace{\psi'\psi}^{J} = 0$$

电流 J 守恒。

50 假设波函数 $\psi(x)$ 满足薛定谔方程

$$-\frac{\hbar^2}{2m}\frac{d^2\psi(x)}{dx^2} + V(x)\psi(x) = E\psi(x)$$

现在将波函数的相位移动至 $\psi(x)e^{i\phi(x)} = \tilde{\psi}(x)$，这个相移函数不再满足相同的方程，因为

$$-\frac{\hbar^2}{2m}\frac{\mathrm{d}^2\tilde{\psi}(x)}{\mathrm{d}x^2}+V(x)\tilde{\psi}(x)$$

$$=-\frac{\hbar^2}{2m}\left\{\frac{\mathrm{d}^2\psi}{\mathrm{d}x^2}+2i\frac{\mathrm{d}\phi}{\mathrm{d}x}\frac{\mathrm{d}\psi}{\mathrm{d}x}-\left(\frac{\mathrm{d}\phi}{\mathrm{d}x}\right)^2\psi+i\frac{\mathrm{d}^2\phi}{\mathrm{d}x^2}\psi\right\}e^{i\phi(x)}+V(x)\tilde{\psi}(x)$$

$$=E\tilde{\psi}(x)-\frac{\hbar^2}{2m}\left\{2i\frac{\mathrm{d}\phi}{\mathrm{d}x}\frac{\mathrm{d}\psi}{\mathrm{d}x}-\left(\frac{\mathrm{d}\phi}{\mathrm{d}x}\right)^2\psi+i\frac{\mathrm{d}^2\phi}{\mathrm{d}x^2}\psi\right\}e^{i\phi(x)}$$

如果将薛定谔方程改写为

$$-\frac{\hbar^2}{2m}\frac{\mathrm{d}^2\tilde{\psi}(x)}{\mathrm{d}x^2}+U(x)\tilde{\psi}(x)+V(x)\tilde{\psi}(x)=E\tilde{\psi}(x)$$

其中

$$U(x)=\frac{\hbar^2}{2m}\left\{2i\left(\frac{\mathrm{d}\phi}{\mathrm{d}x}\right)\frac{\mathrm{d}}{\mathrm{d}x}-\left(\frac{\mathrm{d}\phi}{\mathrm{d}x}\right)^2+i\frac{\mathrm{d}^2\phi}{\mathrm{d}x^2}\right\}$$

则不想要的三个附加项被消除。附加项 $U(x)$ 就像能量贡献项 $V(x)$ 一样，是一个代表场与波函数之间的相互作用的项。也就是说，有相互作用从局域规范不变性中突现出来。注意，与 $\mathrm{d}/\mathrm{d}x$ 成正比的项事实上是与线性动量算符 $p=(\hbar/i)\mathrm{d}/\mathrm{d}x$ 成正比。

51　频率 v 与所关联的量子的能量 E 之间的关系为 $E=-hv$，按照传统单位，$h=6.626\times10^{-34}$ 焦耳·秒。由此可知，能量（以焦耳计算）除以普朗克常数得到的就是频率（一个记为"次/秒"的量）。一份 1 焦耳的能量按照这种方式应该转换为大约 2×10^{33} 次/秒。如果将普朗克关系变成 $E^\dagger=v$，普朗克常数就消失了。如果你坚持保留 $E^\dagger=hv$ 的形式，你当然可以这样做，但是那样你就必须让 $h=1$。

52　在一个势能为 V 的区域内运动的质量为 m、总能量为 E 的粒子的薛定谔方程是

$$-\frac{h^2}{8\pi^2m}\nabla^2\psi+V\psi=E\psi$$

代入 $mc^2/h=m^\dagger$，$V/h=V^\dagger$，以及 $E/h=E^\dagger$，$c\nabla=\nabla^\dagger$

$$-\frac{1}{8\pi^2m^\dagger}\nabla^{\dagger2}\psi+V^\dagger\psi=E^\dagger\psi$$

与前面的式子看起来是一样的，除了 h 消失了。初等量子力学的一个标准问题是找出一个被限制在长为 L 的空间区域内的粒子可以被允许的能级。这个问题的传统解是 $E = n^2 h^2/8mL^2$，其中 $n = 1$，2，$\cdots$，代入 $h = 1$，解变成 $E^{\dagger} = n^2/8m'L'^2$，其中 $L^{\dagger} = L/c$. 另一个基本解是谐振子的解，传统上写作 $E = \left(n + \frac{1}{2}\right)h\nu$，其中 $n = 0$，1，2，$\cdots$，$\nu = (1/2\pi)\sqrt{k_f/m}$，$k_f = (\mathrm{d}^2 V/\mathrm{d}x^2)_0$. 代入 $h = 1$，解变成 $E^{\dagger} = \left(n + \frac{1}{2}\right)\nu$，其中 $\nu = (1/2\pi)\sqrt{k_f^{\dagger}/m^{\dagger}}$，$k_f = (\mathrm{d}^2 V^{\dagger}/\mathrm{d}x^{\dagger 2})_0$，其中 $x^{\dagger} = x/c$，这里我用了一个记号，对于熟悉这些问题的人而言，它将是极其意味深长的。

53 如果将位置记为 x，沿同一方向的线性动量记为 p，则位置与线性动量的对易就是 $xp - px$. 这个式子一般记作 $[x, p]$，也就是 x 与 p 的"对易子"。量子力学把 x 和 p 当作"算符"（对数学对象执行操作的数学对象，比如乘以一个函数或微分一个函数）来处理，它的整座大厦都是从 $[x, p] = ih/2\pi$ 这组关系中冒出来的，其中 i 是"虚数" $\sqrt{-1}$。你可以这样认为，量子力学的基础全是虚的。

54 给定 $x^{\dagger} = x/c$，$m^{\dagger} = mc^2/h$，线性动量变成 $p^{\dagger} = cp/h$. 对易子 $[x, p] = ih/2\pi$ 于是变成 $[x^{\dagger}, p^{\dagger}] = i/2\pi$. 假设在某个瞬间，你，质量为 70kg，位于我们可以称为距某一点 2m 的位置上，以 3m/s 的速度前进。你的线性动量（质量与速度之积）为 70kg × 3m/s = 210kg·m/s. 你的位置与动量之积为 2m × 210kg·m/s = 420kg·m²/s. 普朗克常数，在同样的单位下，为 6.6×10^{-34}kg·m²/s，比你的位置与动量之积小得多，完全可忽略。而采用新的单位系统，距某个地方 2 米实际就是距那个地方 7 ns，以 3m/s 速度移动的 70kg 质量，用频率表示，实际就是 9.5×10^{43}Hz 的动量。因此位置与动量之积为 7×10^{35}，比 1 大得多得多得多。

55 抛弃 k 的一个后果是，熵（回忆一下玻尔兹曼是如何把它定义为 $S = k \log W$ 的）变成了 $S = \log W$，变成了一个没有单位的纯数。完美气体定律 $pV = NkT$ 变成 $pV = NT^{\dagger}$. 如果你坚持保留这条气体定律的传统形式，把它写作 $pV=NkT^\dagger$，那么你就必须取 $k=1$. 这条气体定律还被普遍写作 $pV=nRT$，其中 n 是分子数量（以摩尔为单位），R 是气体常数。后者与 k 的关系为 $R=N_\mathrm{A}k$，其中 N_A 是阿伏伽德罗常数。当 $k=1$ 时，$R=N_\mathrm{A}$.

56 这里是四个一一对应的例子，用于展示如何使用 $\mathcal{T}$ 来简化方程的外观：

	传统的	修正后的
完美气体定律	$pV=NkT$	$pV\mathcal{T}=N$
玻尔兹曼分布	$N_2/N_1=e^{-(E_2-E_1)/kT}$	$N_2/N_1=e^{-\mathcal{T}(E_2-E_1)}$
N 个谐振子的能量	$E=\dfrac{Nh\nu}{e^{h\nu/kT}-1}$	$E=\dfrac{Nh\nu}{e^{\mathcal{T}hk}-1}$
N 个谐振子的热容量	$C=Nk\left(\dfrac{h\nu}{kT}\right)^2\left(\dfrac{e^{-h\nu/2kT}}{1-e^{-h\nu/kT}}\right)^2$	$C=Nk\left(\dfrac{\mathcal{T}h\nu e^{-\mathcal{T}h\nu/2}}{1-e^{-\mathcal{T}h\nu}}\right)^2$

57 这里我要引入 $\mathcal{T}^\dagger=h\mathcal{T}=h/kT$.

58 以下是注释 56 中的四个量的最终形式，其中，除了已经介绍过的量以外，$C^\dagger=C/k$，$V^\dagger=V/c^3$，$p^\dagger=c^3p/h$，依次分别为无量纲数，以 s^3 为单位，以 $1/s^4$ 为单位。

完美气体定律	$p^\dagger V^\dagger \mathcal{T}^\dagger=N$
玻尔兹曼分布	$N_2/N_1=e^{-\mathcal{T}^\dagger(E_2^\dagger-E_1^\dagger)}$
N 个谐振子的能量	$E^\dagger=\dfrac{N\nu}{e^{\mathcal{T}^\dagger\nu}-1}$
N 个谐振子的热容量	$C^\dagger=Nk\left(\dfrac{\mathcal{T}^\dagger\nu e^{-\mathcal{T}^\dagger\nu/2}}{1-e^{-\mathcal{T}^\dagger\nu}}\right)^2$

59 精细结构常数的定义为 $\alpha=\mu_0 e^2 c/2h$，其中 μ_0 为真空中磁导率，其定义值为 $4\pi\times10^{-7}\mathrm{Js^2C^{-2}m^{-1}}$. 比 $\alpha=1/137$ 更精确的值是 $\alpha=0.007\,297\,352\,5664$.

α的定义中存在一些随意性，因为可能存在更基本的电荷测量基准。例如，夸克的电荷是$\frac{1}{3}e$，这可能是一个更恰当的值。在这种情况下，可以算出α会比现在小9成，大约是1/1233。

60 这类意图复现精细结构常数值的凑数方案之一是$\alpha = 29\cos(\pi/137)$ $\tan(\pi/(137 \times 29))/\pi$，算出来的结果是0.00729735253186⋯.

61 我在注释45中提到过平方反比定律：它将质量分别为m_1和m_2的两个物体间万有引力的大小表示为$F = Gm_1m_2/r^2$. 万有引力常数G的值为$6.673 \times 10^{-13}\,\mathrm{kg^{-1}\,m^3\,s^{-2}}$.

62 G的无量纲形式为$\alpha_G = 2\pi Gm_e^2/hc$. 在这个定义中，之所以选择电子质量，并没有根本性的理由，仅仅是为了与出现在α中e^2相类比，因此α_G的数字值也许仅仅是在暗示万有引力的强度。

63 E. P. Wigner (1960). *The unreasonable effectiveness of mathematics in the natural sciences*. Richard Courant lecture in mathematical sciences delivered at New York University, 11 May 1959. *Communications on Pure and Applied Mathematics*. 13: 1-14.

64 以下关于现实世界数学基础的讨论借鉴了我在《创世》（1983）和《重临创世》（1992）中发表过的看法。比上述两书略晚几十年，马克斯·泰格马克（Max Tegmark）在他的书《穿越平行宇宙》（原名 *Our mathematical universe*, 2014；中文版见汪婕舒译，浙江人民出版社，2017）中，可能是独立地，也提出过类似观点。

65 关于动物毛皮图样背后方程的介绍，参见J. D. 莫里（J. D. Murray）《生物数学》（*Mathematical biology*）第十五章（Springer Verlag, 1989）。

66 皮亚诺公理（的缩写形式）如下：

（1）0是自然数。

（2）对于每一个自然数n，它后继的数也是自然数。

（3）对于所有自然数m和n，当且仅当m和n的后继数相等时，$m = n$.

（4）不存在后继数为0的自然数。

　　然后他将加法（＋）定义为，满足 $n+0=n$，且 $n+S(m)=S(n+m)$；乘法定义为，满足 $n\times0=0$，且 $n\times S(m)=n+(n\times m)$，其中 $S(n)$ 为 n 的后继数。

67　按照其早期的，但还不是特别好懂的形式，勒文海姆-斯科伦定理被陈述为，如果一个可数一阶理论有一个无限模型，那么对于每个无限基数 κ，它都有一个大小为 κ 的模型。这条定理的一个更易理解的推论是，一个类似于算术规则系统的规则系统，模拟了任何可以形式化为一组公理的知识领域。

68　具体而言，对于所有费米子（自旋为半整数的粒子，包括电子在内），当两个全同费米子的标记被相互交换时，波函数必须变号：$\psi(2,1)=-\psi(1,2)$. 这一原理深刻地根植于相对论。

69　维基百科"Kurt Gödel"词条中讲得很清楚："（哥德尔）证明，对于任何强大到足以描述自然数算术的可计算公理系统（例如皮亚诺公理或含选择公理的策梅洛-弗兰克尔集合论），有：

　　　　如果一个（逻辑或公理化）系统是一致的，它就不可能是完整的。一组公理的一致性无法在系统内得到证明。

这些定理结束了以弗雷格的工作为起点，至《数学原理》和希尔伯特形式主义而达到巅峰的，持续半个世纪的，试图找到一组对于所有数学都充分的公理的尝试。"你可以在沙克尔（S. G. Shanker）编辑的论文集《哥德尔定理聚焦》（*Gödel's theorem in focus*，Routledge, 1988）中找到"论形式不可判定命题"这篇论文*的英文版，但你将不得不与像"0 St v, $x=\varepsilon n \mid n \leqslant l(x)$ & *Fr* n, x & (*Ep*) [$n<p\cdots$"这样的句子陷入肉搏。对于地球上的凡人而言，一个好懂得多的版本可以参见《哥德尔证明》（*Godel's proof*, E. Nagel and J. R. Newman，Routledge, 1958；中文版见陈东威，连永君译，中国人民大学出版社，2008）。

*本文完整标题为"论《数学原理》和相关系统中的形式不可判定命题 I",哥德尔就是在这篇论文中首次提出不完备性定理的。论文原文用德文写成,原标题为"Über formal unentscheidbare Sätze der Principia Mathematica und verwandter Systeme, I.",此处提到的英语版本"On Formally Undecidable Propositions of Principia Mathematica and Related Systems I"由 Jean van Heijenoort 翻译,于1967年首次发表。——译者注

70 此处我考虑的是被称为"皮尔斯伯格算术"(Presburger arithmetic)的东西,也就是没有"×"的皮亚诺算术。一个很好的,并且也很好懂的解释,参见约翰·巴罗(John Barrow)的《万物新论》(*New theories of everything*, Oxford University Press, 2007)。

索　引

译后记

    本书是英国著名化学家、化学教育家和科普作家、皇家学会会员彼得·阿特金斯的最新科普力作。40多年前，作为已经功成名就的物理化学家，阿特金斯以著名的《创世》（*The Creation*）奠定了其在科普写作领域的地位，其斐然的文采和对科学的深刻理解，使这部著作及其增补本《重临创世》（*Creation Revisited*）至今仍被视为史上最好的科普著作之一。我国在本世纪初曾翻译出版过他的另一部科普佳作《伽利略的手指》。本书是时隔十余年后阿特金斯的著作再次被译成中文，作为译者我深感荣幸。

    本书继续聚焦于阿特金斯早年著作所关注的问题，这个问题可能也是迄今为止人类面临的所有自然谜题中最迷人的一个：我们的宇宙从何而来？或者，用一种富有戏剧性的问法来说：今天我们所看到的、所听到的、所拥有的一切，乃至我们自身，最初是怎么出现的？在他早年的著作中，阿特金斯曾对这个问题的几个最引人注目的方面给出过自己的回答，包括空间、时间和物质的起源。而这一次，他把目光转向了这个问题经常被忽视的另一面，即宇宙中除了物质以外的那一半——为所有物质运行划定的规则，并通过物质的运行方式表现出来的，即自然界中的各种定律——是如何被"制定"出来的。

当然，如你所见，本书实际上试图告诉你，这些定律从未被"制定"出来。它们只是宇宙从一个初始状态开始，自发演化的必然结果。而这个初始状态不是别的，就是"无"，什么都没有——没有能量，没有物质，没有一个炽热的火球或奇点，甚至连"真空"本身也不存在的绝对的一无所有。而导致定律、我们的宇宙，以及包括我们自身在内的一切出现的这个演化过程也是完全漫不经心的：无规则、无目的，唯一的动力就是尽可能少做事——最好一点儿都不做。

的确，这幅图景与被广为接受的宇宙在一声巨响中华丽登场的描述不太一致，而且与后者相比简直乏味至极。但它可能是真的，而且从哲学角度看，这种图景甚至更为自然，因为在这种图景中，完全不存在那个困扰大爆炸模型的根本性的问题：那个最初的奇点，从何而来？

当然，作为一部科普著作，本书的目的不是进行学术性争论。事实上与大爆炸模型一样，本书所描述的图景也只是从已知科学理论和观测事实出发进行的推演，只是出发的角度以及所考虑的事实略有不同。而且与包括大爆炸假说在内的所有宇宙学假说一样，要完善这些假说、彻底弄清宇宙诞生之初发生了什么，我们目前掌握的事实仍然太少太少了。对这些未知的东西，作者谨慎地保持沉默。但是仅就本书所关注的自然界中各种定律的起源而言，目前已知的科学事实看起来确实指向这样一个结论：在宇宙诞生之初，无论是不是有那么个火球或一声"砰"，在那一刻，没有任何新的定律诞生，今天我们所看到的一切，仅仅是对宇宙最初状态的继承——一个比那声"砰"更古老的一无所有的状态。

这个假设的迷人之处在于，它提供了一幅如此简单的宇宙诞生之初的图景：不存在任何东西，也没发生任何事件，当然更不需要劳动那位事儿妈得要命的创造者——还有什么能够比一无所有更简单呢？而这种简单性，正是作者最终试图展示的，我们所坚信并希望你也愿意相信的，宇宙的本性。

作为译者，我希望借这个机会对文中几个重要术语的翻译略作说明。诚如诸位所见，本书描绘的宇宙以及自然律诞生图景大约可以概括为：从一无所有中，在无为的驱使和无规则的支配下，宇宙漫无目的地（作者用的词是"无知"）演化出了今天我们所知道的全部复杂精巧的自然律。"一无所有"，原文是nothing，我的编辑曾经建议我译成"虚无"，但是我觉得"虚无"这个词太隆重了，表现不出作者试图通过这个词传达的那种轻描淡写的态度。事实上"一无所有"也

227

还是太隆重了，更贴切的译法其实是口语化的"没有"，但是这种口语化的表达方式写到书面语中又会感觉很别扭，所以最终我还是不思进取地满足于"一无所有"了。在书的后半部分，作者还使用了首字母大写的Nothing来强调宇宙开始以前的连真空都不存在的绝对空无一物的状态，我将其翻译为带引号的"'无'"。利用这个引号，我试图引导各位将其想象为佛教所说的那种"原本无一物"的状态，事实上作者也确实借用了印度古代哲学中的相关概念来帮助读者理解他所描述的这种绝对的"无"。我曾经一度心血来潮地想将其翻译成看上去显得更有佛性的"空"，但考虑到原文中也出现了empty这个词，最终也仅仅是动了一念。

"无为"，原文是indolence，本义为"懒惰"（名词）。尽管我也同意，如果使用"懒惰"这个更直接的译法，书中的很多行文将更能体现原作者的幽默感，诸如"是时候找个地方让懒惰歇一歇，让无政府主义（这个词的翻译稍后会提到）来实施统治了"，但是考虑到在汉语中人们会更经常地把"懒惰"当作形容词来理解，为了避免因词性误解而造成的理解障碍，我选择了看上去更容易被当成一个专门术语来理解的"无为"，灵感当然来自于道家所说的"无为而无不为"。同时这也是为了让这个词能够整整齐齐地加入从"一无所有"到"无知"的这个"无"字辈的大家庭。

"无规则"，原文对应anarchy，这是一个政治学术语，直译为"无政府主义"。但是考虑到这个词对于比较年轻的读者而言可能不够友好，为了避免读个科普读物还得查字典的尴尬，我选择将其译为更浅白的"无规则"。另外还有"无知"，原文为ignorance，直译为"无知"——所以你看，如果事情全都这样简单的话，那么世界该多么美好呀。

值得一提的是，这里提到的某些概念看上去似乎与形成于数千年前的佛家和道家的某些观点暗合。这当然不是因为你在爬某座山的时候佛陀或老君已经在山顶喝着茶等你了，而只是因为我们与古人爬的是同一座山，见识的是同样的风景，由此也必致产生一些同样的感悟。这座山就是我们的现实世界。作为一位古代的图书馆馆长，老聃想必曾无数次看到书卷从书架的高处跌落，但如果没有人将它们拾起，它们从不会自己从地面跳回到架子上去。这也许不足以引导他发现"李耳"兹曼分布或最小势能原理，但应该已经足以让他意识到大自然"懒惰"的本性了。而佛教中"空"或"无"的概念则完全可以从一个非常简单的想法中推导出来：在"有"的存在以外，以及在"有"出现以前，存在着的是什么呢？它必定不是"有"，因此只能是"非有"，也就是"空"或"无"。

然而，尽管古人比我们起得早，在这条荆棘密布的山路上，他们远未登顶。我们也一样没有，但还是比他们爬得更高、走得更远，也因此能看到更多的风景，甚至发现他们因为被困在山坳里而造成的对此山真面目的误解。我们之所以能够走得比他们远，是因为我们站在他们肩膀上，来路的荆棘已经由他们为我们清除掉了，因此我们能够走得更快，不需要自己从头去摸索。但是他们的使命已经完成了，我们已不需要总是时时回望他们，纠结于他们对这座山的描述。从这里开始，前途的荆棘轮到我们来为后人清理。终有一天，他们也将站在我们肩膀上，比我们爬得更高、走得更远、看得更多，并发现那些被我们以及前人误解的东西，给它们以正确的描述。

就像我的一位出身于化学教育背景的同事喜欢说的："不懂物理学的化学家不是好文化人。"通过本书，阿特金斯展示了一位精通物理学（尤其是热力学第二定律，就像 C. P. 斯诺提到的）的化学家在谈及莎士比亚以及其他通常被认为属于人文、艺术的内容时是多么地如数家珍。作者引用、化用了大量欧美读者耳熟能详的文化典故，从俗语俚语到历史故事，从莎翁名剧到流行文化，从而把寻常使人昏昏欲睡的科学理论讲得生动活泼、趣味盎然。然而这也极大地增加了本书的翻译难度。为了让不那么熟悉这些西方典故的国内读者能够同样体味到原作者试图带给全世界每一位读者的兴奋与愉悦，我尽量把作者的语言转换成中国文化语境下的内容，尽可能去体味作者在选用不同单词时所尝试表达出来的情绪，或举重若轻、或煞有介事、或明褒暗贬、或嬉笑怒骂，然后尝试用中文中感情色彩相近的措辞将其还原出来，另外以脚注形式为一些典故添加了注释说明，以弥补翻译笔力的不足。

最后，我想作者可能会同意我这样来概括他通过本书试图传达给读者的信息：

宇宙是简单的，而且并不神秘。

图书在版编目（CIP）数据

变个宇宙出来：自然法则的起源 /（英）彼得·阿特金斯著；苏湛译 . —北京：商务印书馆，2023
（新科学人文库）
ISBN 978-7-100-21099-7

Ⅰ.①变… Ⅱ.①彼… ②苏… Ⅲ.①自然科学—通俗读物 Ⅳ.① N49

中国版本图书馆 CIP 数据核字（2022）第 182656 号

新科学人文库
变个宇宙出来：自然法则的起源
〔英〕彼得·阿特金斯 著
苏 湛 译

商 务 印 书 馆 出 版
（北京王府井大街 36 号 邮政编码 100710）
商 务 印 书 馆 发 行
北京中科印刷有限公司印刷
ISBN 978 - 7 - 100 - 21099 - 7

2023 年 3 月第 1 版　　　　开本 880 × 1230　1/32
2023 年 3 月北京第 1 次印刷　印张 7½
定价：48.00 元